Christian Schlieder

Autodesk® Inventor® 2020
Aufbaukurs KONSTRUKTION

Viele praktische Übungen am
Konstruktionsobjekt GETRIEBE

FSC
www.fsc.org
MIX
Papier aus ver-
antwortungsvollen
Quellen
Paper from
responsible sources
FSC® C105338

Christian Schlieder

Autodesk® Inventor® 2020

Aufbaukurs KONSTRUKTION

Viele praktische Übungen am Konstruktionsobjekt GETRIEBE

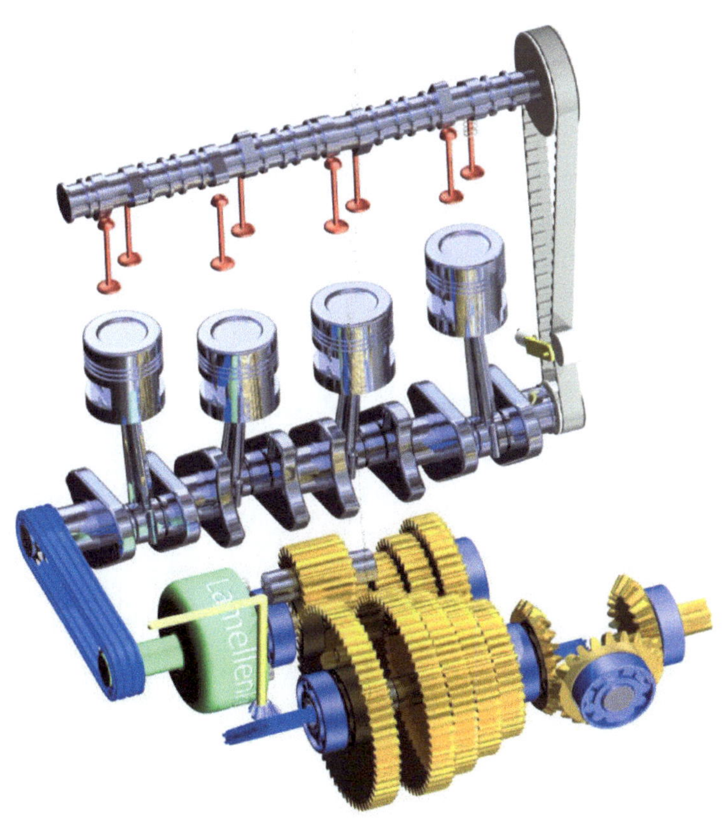

Die Bücher der Autodesk-Reihe:

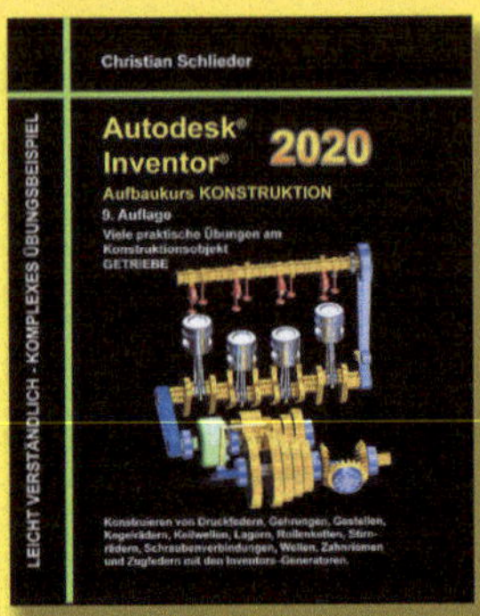

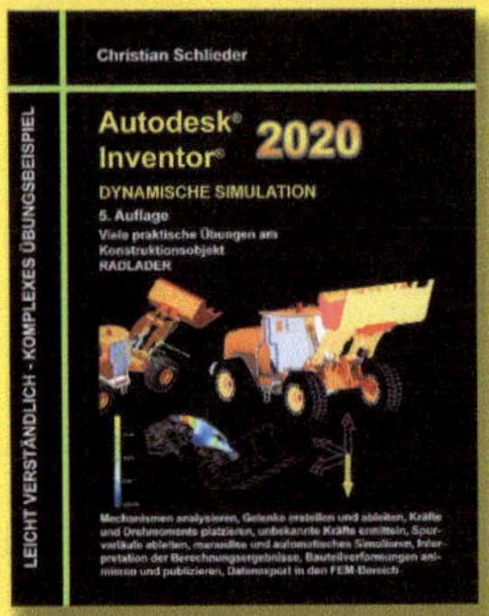

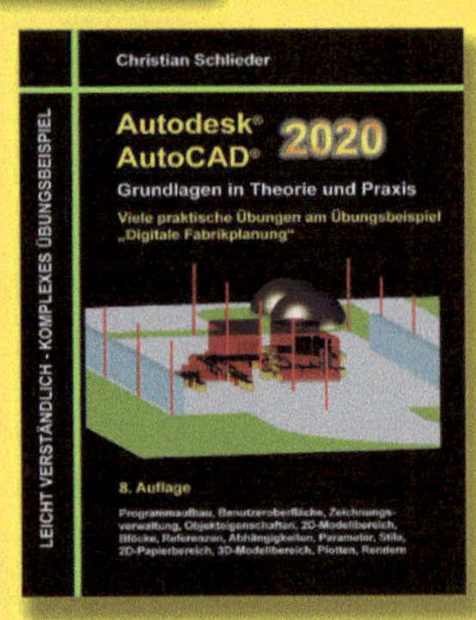

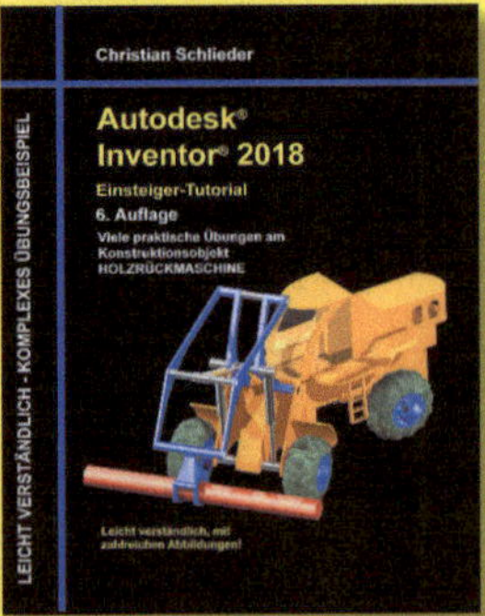

www.cad-trainings.de

Passend zu den Büchern gibt es jetzt auch viele

Videokurse

zum Thema Autodesk.

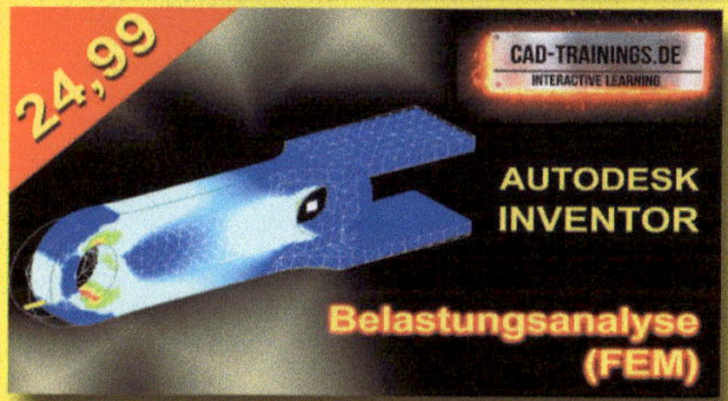

50% Rabatt auf jeden Kurs erhälst Du mit dem Gutschein-Code: CAD-Trainings_50

Alle Infos im Internet unter:

www.cad-trainings.de

Alle im Buch enthaltenen Informationen wurden nach bestem Wissen und Gewissen geprüft.

Da Fehler nicht ausgeschlossen werden können, übernehmen Autor und Verlag weder Verantwortungen, Verpflichtungen oder Garantien jeglicher Art, noch Haftung für die Benutzung der bereitgestellten Informationen. Autor und Verlag übernehmen keine Gewähr dafür, dass die beschriebenen Vorgehensweisen oder Verfahren frei von Rechten Dritter sind.

Das Werk ist urheberrechtlich geschützt. Übersetzung, Nachdruck, Vervielfältigung, sonstige Verarbeitung des Buches oder von Teilen daraus sind ohne Genehmigung des Autors nicht erlaubt.

Autodesk® Inventor® 2020 ist ein eingetragenes Markenzeichen von Autodesk, Inc. und/ oder seiner Tochtergesellschaften und/ oder der Tochterunternehmen in den USA und anderen Ländern.

ISBN

978-3-7386-3518-8

IMPRESSUM

Dipl.- Ing. Christian Schlieder
www.cad-trainings.de
Fax: +49 (0) 3212 - 1122290

HERSTELLUNG UND VERLAG

BoD- Books on Demand, Norderstedt
www.BoD.de

INHALTSVERZEICHNIS

1.1 Zielgruppe & Aufbau des Buches

Dieses Buch ist ein Aufbaukurs für Fortgeschrittene, die mit den Grundlagen von **Autodesk® Inventor® 2020** bereits vertraut sind. Das Programm verfügt im Baugruppenbereich über ein Register **Konstruktion** welches zur Berechnung und Konstruktion, speziell im Maschinenbau verwendeter Komponenten dient. In einem komplexen Übungsbeispiel wird der Leser theoretische Grundlagen einiger Befehle aus diesem Register erlernen und anschließend praktisch umsetzen.

Das verwendete Übungsbeispiel baut auf das Grundlagenbuch **Autodesk® Inventor® 2020 – Grundlagen in Theorie und Praxis** auf, in welchem ein vereinfachter 4-Takt-Motor erstellt wurde. Dieser Motor wird im vorliegenden Buch um ein Getriebe erweitert.

In diesem Buch werden die folgenden Befehle des Registers **Konstruktion** behandelt:

➢ **Druckfeder-Generator**	➢ **Rollenketten-Generator**
➢ **Gehrungen erzeugen**	➢ **Schraubenverbindungs-Generator**
➢ **Gestell-Generator**	➢ **Stirnräder-Generator**
➢ **Kegelräder-Generator**	➢ **Wellen-Generator**
➢ **Keilwellen-Generator**	➢ **Zahnriemen-Generator**
➢ **Lager-Generator**	➢ **Zugfeder-Generator**

Das Übungsbeispiel bietet genügend Möglichkeiten, die Befehlsketten sporadisch zu verlassen und eigene Versuche mit den Befehlen zu starten.

1.2 Erzeugen des Projektordners/ Herunterladen der Übungsdateien

Bevor Sie mit der Umsetzung des Projekts beginnen, sollten die folgenden Arbeiten erledigt werden:

Erzeugen eines neuen Projektordners

Erstellen Sie auf Ihrem PC an geeigneter Stelle einen neuen Ordner:

> ➢ *Inventor-2020-Übung-Konstruktion*

Herunterladen der Übungsdateien

Besuchen Sie im Internet die folgende Website:

> ➢ *http://www.cad-trainings.de*

Suchen Sie im Bereich **Literatur und Übungsdateien** das passende Buch und klicken Sie auf den nebenstehenden Link, um die zum Buch gehörende Übungsdatei (ZIP-Format) auf Ihrem PC zu speichern.

Speichern Sie die Datei in dem vorher erzeugten Projektordner **Inventor-2020-Übung-Konstruktion** und entpacken Sie die Datei dort hinein. Die darin enthaltenen Dateien werden später benötigt.

2 Installation von Autodesk® Inventor® 2020

2.1 Systemanforderungen

Die folgenden von Autodesk® empfohlenen Systemanforderungen gelten für Bauteile und Baugruppen mit weniger als 1000 Bauteilen:

Betriebssystem	64 Bit-Version von Microsoft® Windows® 10 64-Bit-Version von Microsoft® Windows® 8.1 64-Bit-Version von Microsoft® Windows® 7
CPU-Typ	Empfohlen: 3 GHz oder mehr, mindestens 4 Kerne Mindestens: 2,5 GHz oder mehr
Arbeitsspeicher	Empfohlen: 20 GB RAM Mindestens: 8 GB RAM
Festplattenspeicher	Empfohlen: 40 GB
Grafikkarte	Empfohlen: 4 GB GPU mit einer Bandbreite von 106 Gbit/s und kompatibel mit DirectX 11 Mindestens: 1 GB GPU mit einer Bandbreite von 29 Gbit/s und kompatibel mit DirectX 11
Bildschirmauflösung	Empfohlen: 3840x2160 (4K) Bevorzugte Skalierung: 100%, 125%, 150% oder 200% Mindestens: 1280x1024 (1080p)
Zeige-/ Eingabegerät	Maus, Tastatur, optional 3D-Maus
Netzwerk	Internetverbindung für die Webinstallation mit der Autodesk® Desktop-App, die Autodesk®-Funktion für die Zusammenarbeit, die .NET-Installation, Webdownloads und die Lizenzierung. Network License Manager unterstützt Windows Server® 2016, 2012, 2012 R2, 2008 R2 und die oben aufgeführten Betriebssysteme.
Tabellenkalkulation	Vollständige lokale Installation von Microsoft® Excel 2010, 2013 oder 2016 für iFeatures, iParts, iAssemblies, globale Stücklisten, Bauteillisten, Revisionstabellen, tabellenbasierte Konstruktionen und Studio-Animationen von Positionsdarstellungen. Die 64-Bit-Version von Microsoft Office ist erforderlich, um Access 2007-, dBase IV-, Text- und CSV-Formate zu exportieren. Abonnenten von Office 365 müssen sicherstellen, dass Microsoft Excel 2016 lokal installiert ist. Windows Excel Starter®, OpenOffice® und browserbasierte Anwendungen von Office 365 werden nicht unterstützt.
Browser	Google Chrome™ oder gleichwertig
.NET Framework	.NET Framework Version 4.7 oder höher. Die Installation von Windows-Updates ist aktiviert.

Die folgenden zusätzlichen von Autodesk® empfohlenen Systemanforderungen gelten für Bauteile und Baugruppen mit mehr als 1000 Bauteilen:

CPU-Typ	Empfohlen: 3,3 GHz oder mehr, mindestens 4 Kerne
Arbeitsspeicher	Empfohlen: 24 GB RAM oder mehr
Grafik	Empfohlen: 4 GB GPU mit einer Bandbreite von 106 Gbit/s und kompatibel mit DirectX 11

2.2 Für Anwender von Autodesk® Inventor® 2020 auf Macintosh

Sie können Autodesk® Inventor® Professional auf einem Mac®-Computer auf einer Windows-Partition installieren. Das System muss Apple Boot Camp® zum Verwalten einer Konfiguration mit zwei Betriebssystemen verwenden und die folgenden Mindestsystemanforderungen erfüllen:

Betriebssystem	Mindestens: Mac OS™ X 10.13.x Empfohlen: Mac OS™ X 10. 12.x
Parallels	Parallels Desktop 13 oder höher
CPU-Typ	Mindestens: Intel® Core 2 Duo (3 GHz oder höher)
Arbeitsspeicher	Mindestens: 8 GB RAM Empfohlen: 16 GB Ram oder mehr
Partitionsgröße	Mindestens: 100 GB freier Festplattenspeicher Empfohlen: 250 GB freier Festplattenspeicher oder mehr
Betriebssystem	64 Bit-Version von Microsoft® Windows® 10 Anniversary Update (Version 1607 oder höher) 64-Bit-Version von Microsoft® Windows® 8.1 64-Bit-Version von Microsoft® Windows® 7 SP1 mit Update KB4019990

2.3 Download des Programms

Sollten Sie die Software nicht bereits besitzen, haben Sie die Möglichkeit Autodesk® Inventor® 2020 zu privaten Schulungszwecken als kostenlose Version herunterzuladen:

> *https://www.autodesk.com/education/free-software/inventor-professional*

Eröffnen Sie hierfür einen kostenlosen Autodesk® Account unter demselben Link.

2.4   Installationsvoraussetzungen

Zugriffsrechte

Sie müssen über lokale Benutzer-Administratorrechte verfügen.

> *Systemsteuerung > Benutzerkonten > Benutzerkonten verwalten*

System-Updates/ Antivirenprogramm

Vor der Installation von Autodesk® Inventor® 2020 sollten eventuell noch ausstehende Updates von Windows® durchgeführt werden. Starten Sie den Rechner danach neu. Antivirenprogramme müssen während der Installation eventuell vorübergehend deaktiviert werden.

Language Packs

Prüfen Sie vor der Installation von Autodesk® Inventor® 2020, ob die heruntergeladene Programmversion in der richtigen Sprache vorhanden ist. Eventuell muss vorab ein Sprachpaket heruntergeladen und installiert werden.

Seriennummer/ Produktschlüssel

Beim Download müssen Seriennummer und Produktschlüssel in Erfahrung gebracht werden. Diese werden bei der Installation benötigt.

Beenden anderer Programme

Beenden Sie alle anderen Programme vor der Installation von Autodesk® Inventor® 2020.

2.5   Installation von Autodesk® Inventor® 2020

Stellen Sie vor der Installation von Autodesk® Inventor® 2020 sicher, dass alle Teile des Programms vollständig vorhanden sind. Wurden diese vollständig heruntergeladen (Schritt entfällt, wenn die Software auf DVD vorhanden ist), kann mit der Installation begonnen werden. Sollte das Installationsprogramm noch nicht geöffnet sein, starten Sie dieses. Sie finden es für gewöhnlich im Pfad:

> *C:\Autodesk\Inventor_2020_...\Setup.exe*

Nachdem Sie die Lizenzvereinbarung gelesen und akzeptiert haben, muss im Dropdown-Menü mit den Produktsprachen einer der folgenden Schritte durchgeführt werden:

1) Wählen Sie eine Sprache aus.
2) Wählen Sie unter Lizenztyp die Option *Einzelplatz*.
3) Geben Sie Seriennummer und Produktschlüssel ein (falls erforderlich).
4) Bestimmen Sie den Installationspfad (dieser Pfad darf maximal 260 Zeichen lang sein).
5) Übernehmen Sie die vorgegebene Konfiguration oder passen Sie die Installation an (weitere Informationen zur Konfiguration finden Sie in der Produktdokumentation).
6) Klicken Sie auf *Installieren*.
7) Nach der Installation: Klicken Sie auf *Fertigstellen*.

2.6 Aktivierung von Autodesk® Inventor® 2020

Online aktivieren und registrieren

Sobald Autodesk® Inventor® 2020 das erste Mal gestartet wurden, startet auch automatisch der Aktivierungsvorgang. Sollte der PC über eine bestehende Internetverbindung verfügen, führen Sie die folgenden Schritte aus:

1) Achten Sie darauf, dass Ihre Firewall oder Antivirenprogramme den Datenaustausch zwischen Autodesk® Inventor® 2020 und dem Server von Autodesk® nicht unterbrechen.
2) Starten Sie Autodesk® Inventor® 2020.
3) Stimmen Sie den Datenschutzrichtlinien zu.
4) Klicken Sie auf *Aktivieren*.
5) Geben Sie den Produktschlüssel ein, wenn Sie dazu aufgefordert werden sollten. Melden Sie sich an und registrieren Sie das Produkt.

Autodesk® überprüft jetzt die Berechtigungsinformationen, wie z. B. Ihre Seriennummer. Wenn Sie die Aktivierungsaufforderung sehen und keine Verbindung mit dem Internet herstellen können, ist die Aktivierung manuell vorzunehmen.

> **Manuelles Aktivieren und Registrieren (offline)**

Sollte der PC über keine bestehende Internetverbindung verfügen, führen Sie die folgenden Schritte aus:

1) Starten Sie Autodesk® Inventor® 2020.
2) Stimmen Sie den Datenschutzrichtlinien zu.
3) Klicken Sie auf **Aktivieren**.
4) Wählen Sie Aktivierungscode **Mit einer Offlinemethode anfordern**.
5) Klicken Sie auf **Weiter**.
6) Notieren Sie die Aktivierungsinformationen, die auf dem Bildschirm angezeigt werden, einschließlich der URL.
7) Starten Sie ein Gerät mit einer bestehenden Internetverbindung.
8) Öffnen Sie die URL aus Punkt (6). Melden Sie sich an und registrieren Sie das Produkt.
9) Notieren Sie den Aktivierungscode.
10) Starten Sie Autodesk® Inventor® 2020.
11) Klicken Sie auf **Aktivieren**.
12) Wählen Sie die Option **Ich habe einen Aktivierungscode von Autodesk**.
13) Kopieren Sie den Aktivierungscode, und fügen Sie ihn in das erste Feld ein, um automatisch die anderen Felder auszufüllen.
14) Klicken Sie auf **Weiter**.

3 Programmaufbau und Programmoberfläche

3.1 Programmaufbau

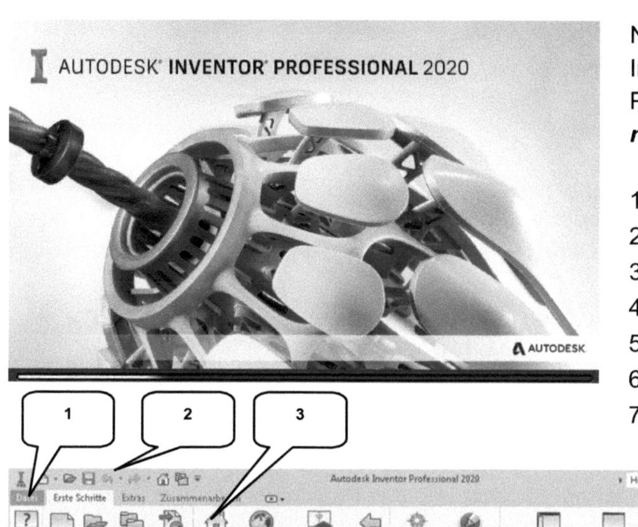

Nach dem Start von Autodesk® Inventor® 2020 öffnet sich das Programm mit der folgenden **Benutzeroberfläche**:

1) Hauptmenü
2) Schnellzugriff-Werkzeuge
3) Multifunktionsleiste
4) InfoCenter
5) Neue Dateien erstellen
6) Projektverwaltung
7) Zuletzt verwend. Dokumente

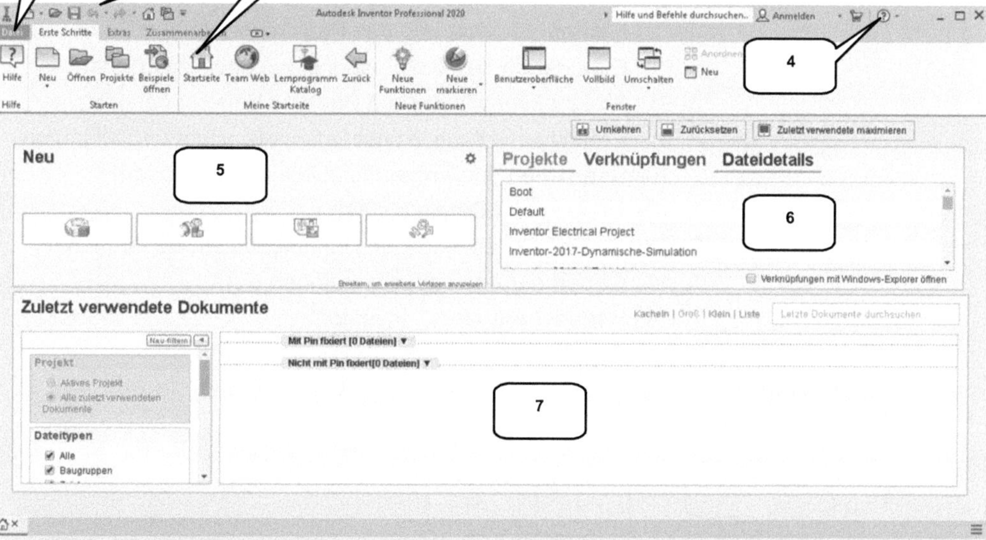

3.2 Hauptmenü

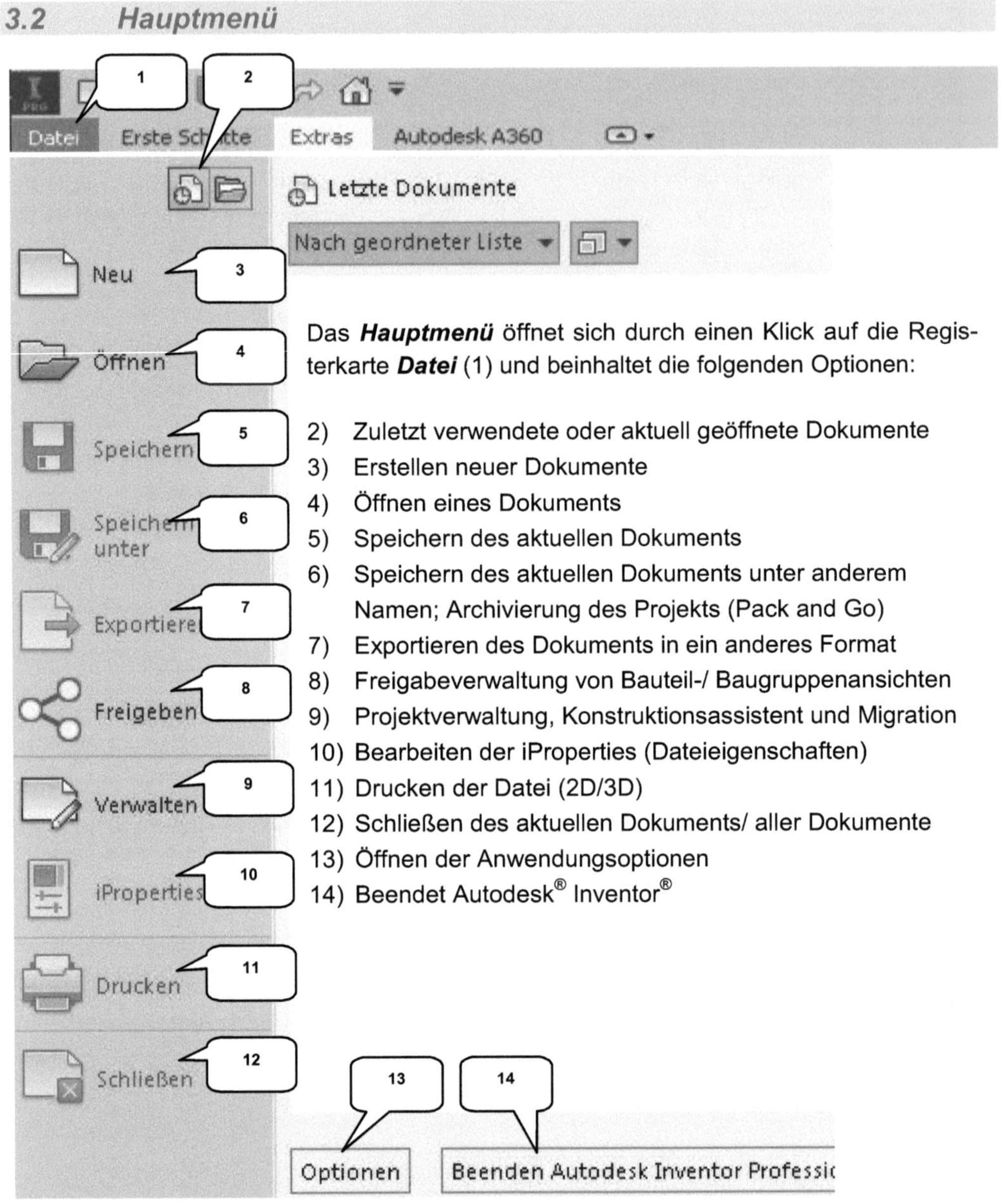

Das *Hauptmenü* öffnet sich durch einen Klick auf die Registerkarte *Datei* (1) und beinhaltet die folgenden Optionen:

2) Zuletzt verwendete oder aktuell geöffnete Dokumente
3) Erstellen neuer Dokumente
4) Öffnen eines Dokuments
5) Speichern des aktuellen Dokuments
6) Speichern des aktuellen Dokuments unter anderem Namen; Archivierung des Projekts (Pack and Go)
7) Exportieren des Dokuments in ein anderes Format
8) Freigabeverwaltung von Bauteil-/ Baugruppenansichten
9) Projektverwaltung, Konstruktionsassistent und Migration
10) Bearbeiten der iProperties (Dateieigenschaften)
11) Drucken der Datei (2D/3D)
12) Schließen des aktuellen Dokuments/ aller Dokumente
13) Öffnen der Anwendungsoptionen
14) Beendet Autodesk® Inventor®

HINWEIS: Die jeweiligen Befehle können mit einem Klick der linken Maustaste auf die nebenstehenden Dreiecke noch erweitert werden.

3.3 Schnellzugriff-Werkzeuge

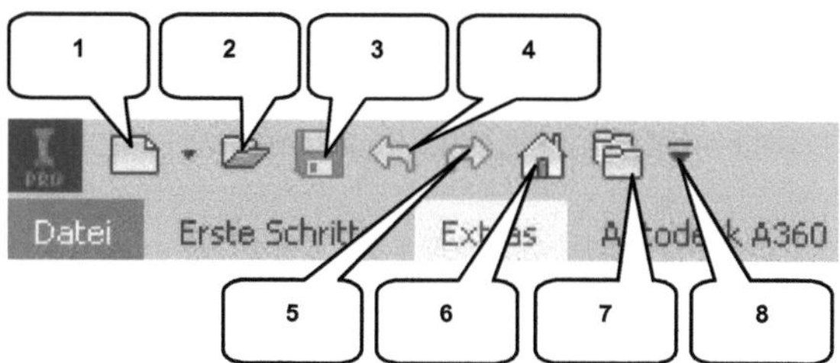

Die **Schnellzugriff-Werkzeuge** sind einige häufig verwendete Befehle, die einzeln ein- oder ausgeblendet werden können. Die folgenden Befehle befinden sich darin:

1) Erstellen eines neuen Dokuments	5) Einen Arbeitsschritt vorwärts
2) Öffnen eines vorhandenen Dokuments	6) Aktiviert die Startseite
3) Speichern des Dokuments	7) Öffnet die Projektverwaltung
4) Einen Arbeitsschritt zurück	8) Schnellzugriff-Werkzeuge anpassen

3.4 Multifunktionsleiste

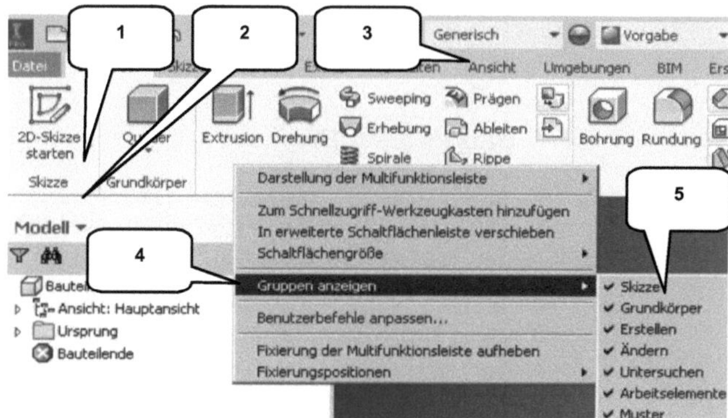

Die **Multifunktionsleiste** (1) befindet sich im oberen Bereich des Programms und enthält verschiedene Befehlsgruppen (2), deren Inhalt entsprechend der Auswahl einer der verfügbaren Registerkarten (3) variiert. Jede Registerkarte enthält diverse Befehlsgruppen, welche ein- oder ausgeblendet werden können.

Zum Ein- oder Auszublenden der Befehlsgruppen muss mit der **rechten Maustaste** auf einen beliebigen Bereich der Multifunktionsleiste (1) geklickt werden, um im Kontextmenü die Option **Gruppen anzeigen** (4) zu erweitern und darin (5) die jeweiligen Befehlsgruppen zu aktivieren oder deaktivieren.

HINWEIS: Sollten in diesem Buch Befehle verwendet werden, die Sie in Ihrer Multifunktionsleiste im entsprechenden Arbeitsbereich nicht finden können, kontrollieren Sie bitte ob die entsprechende Befehlsgruppe bereits aktiviert wurde. Wenn nicht, muss dieser Schritt zuerst durchgeführt werden.

3.5 Browser

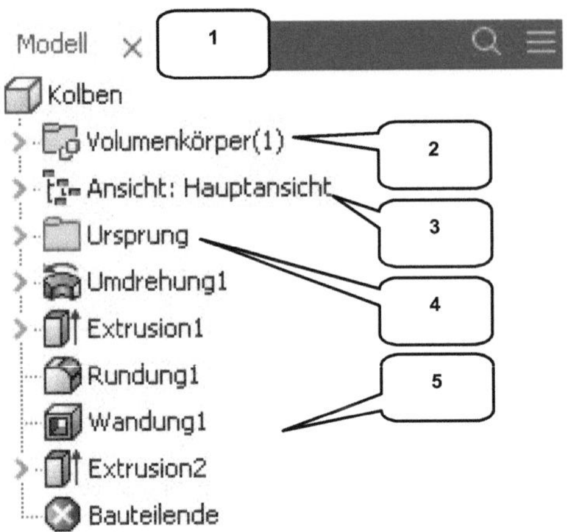

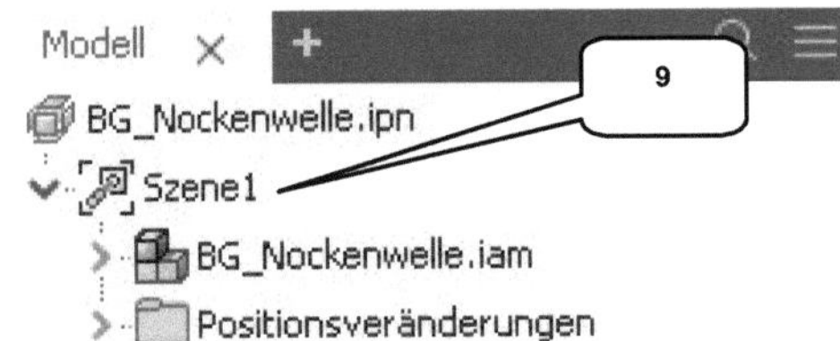

Der **Browser** (1) spiegelt den grundlegenden Aufbau eines Objekts wieder der je Arbeitsbereich inhaltlich variiert.

> ### Bauteil-Browser

In einem **Bauteil-Browser** befinden sich z. B. der Ordner **Volumenkörper** (2) (er listet die einzelnen Volumenkörper eines Bauteils auf), der Ordner **Ansicht** (3) (er beinhaltet die Ansichten eines Bauteils) sowie der Ordner **Ursprung** (4) (er listet die Hauptachsen und -ebenen des Bauteils auf). Weiterhin werden alle bereits am Bauteil vorgenommenen **Arbeitsschritte** (5) chronologisch aufgelistet und können hier bearbeitet werden.

> ### Baugruppen-Browser

Im **Baugruppen-Browser** befinden sich der Ordner **Beziehungen** (6) (mit allen in der Baugruppe besetzten Verbindungen/ Abhängigkeiten), der Ordner **Darstellungen** (7) (mit den Ansichten, Positionen und Detailgenauigkeiten der Baugruppe) und der Ordner **Ursprung** (8) mit den Achsen/ Ebenen. Natürlich werden auch alle in der Baugruppe vorhandenen Komponenten (Bauteile/ Normteile) aufgelistet.

> ### Präsentations-Browser

Der **Präsentations-Browser** enthält einen Ordner **Szene** (9). Darin werden die Präsentationsdrehbücher der animierten Baugruppen und die zugehörigen Pfade abgelegt.

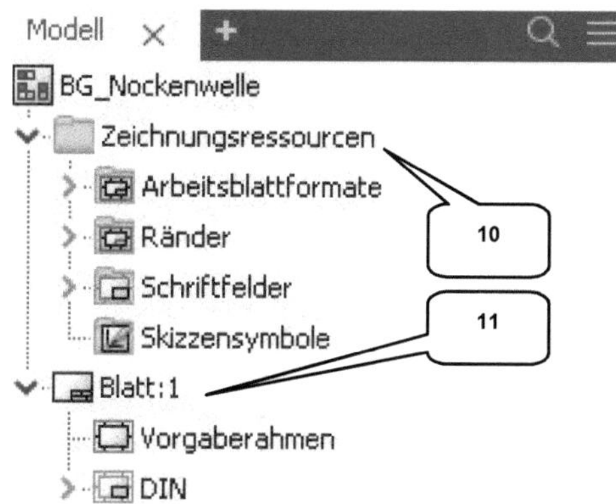

> ## Zeichnungs-Browser

Im **Zeichnungs-Browser** gibt es den Ordner **Zeichnungsressourcen** (10) (mit allen vordefinierten Arbeitsblattformaten, Rändern, Schriftfeldern und Symbolen) und je Zeichnung einen Ordner **Blatt** (11). Jedes Zeichnungsblatt beinhaltet die dem Blatt zugeordneten Arbeitsblattformate, Ränder, Schriftfelder und Symbole sowie dargestellten Ansichten mit den darin abgebildeten Komponenten.

3.6 Arbeitsbereich
3.6.1 Startbildschirm

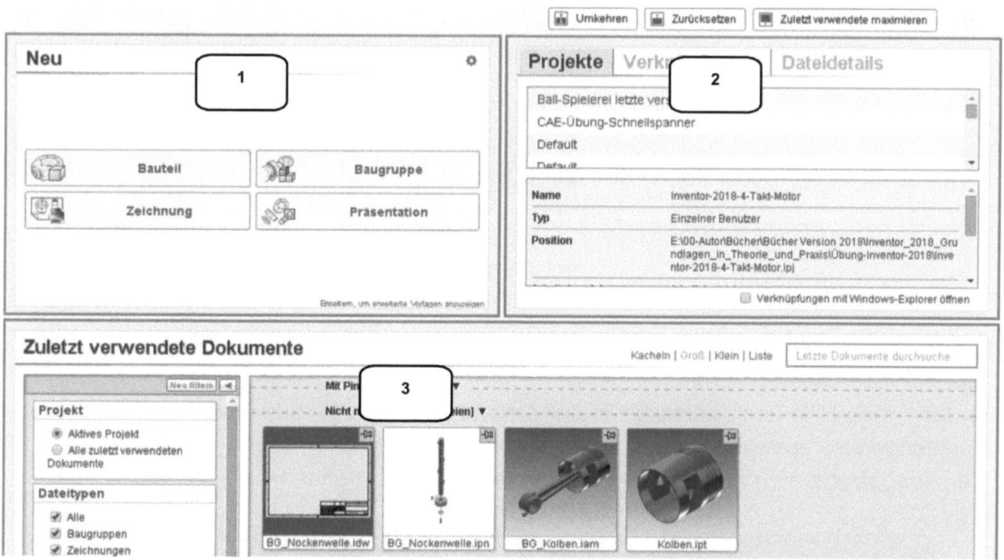

Nach dem Start des Programms wird dem Benutzer ein **Startbildschirm** mit den folgenden Inhalten angeboten:

1) Erstellen eines neuen Dokuments
2) Projektverwaltung
3) Öffnen eines bereits vorhandenen Dokuments

4   Die ersten Schritte

4.1   Programmhilfe und neue Funktionen

In der Befehlsgruppe **Hilfe** (Register **Erste Schritte**) befindet sich der Befehl 🛈 Hilfe (1). Ein Klick darauf öffnet im Arbeitsbereich die Online-Hilfe wenn ein Internetzugang vorhanden ist (ggf. müssen die Einstellungen der Firewall bearbeitet werden).

In der Online-Hilfe kann entweder in der **Inhaltsübersicht** (2) aus einem der angebotenen Themengebiete auswählt werden, oder ein bestimmter Befehl/ Begriff **gesucht** werden (3). Der **Ausgabebereich** (4) stellt die Ergebnisse dann anschließend dar.

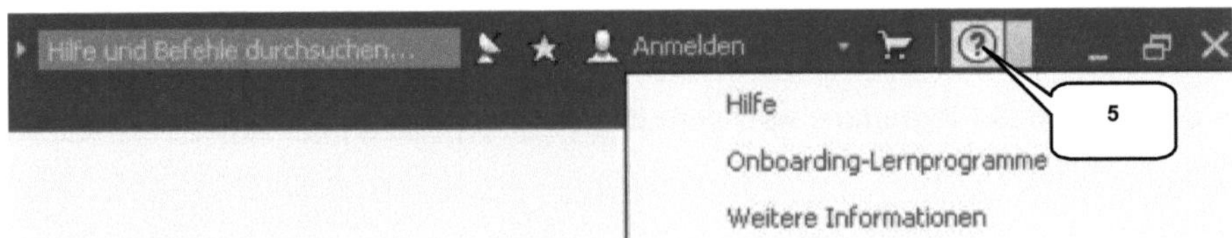

HINWEIS: Die Programmhilfe kann auch durch den Befehl ⑦ Hilfe (5) in der oberen Programmleiste gestartet werden.

4.2 Lernprogramme

Startet man den Befehl 🎓 **Lernprogrammkatalog** (1), so öffnet sich eine interaktive Lern-umgebung (2) in der schrittweise der Umgang mit der Software erlernt und mit diversen Übungen gefestigt werden kann.

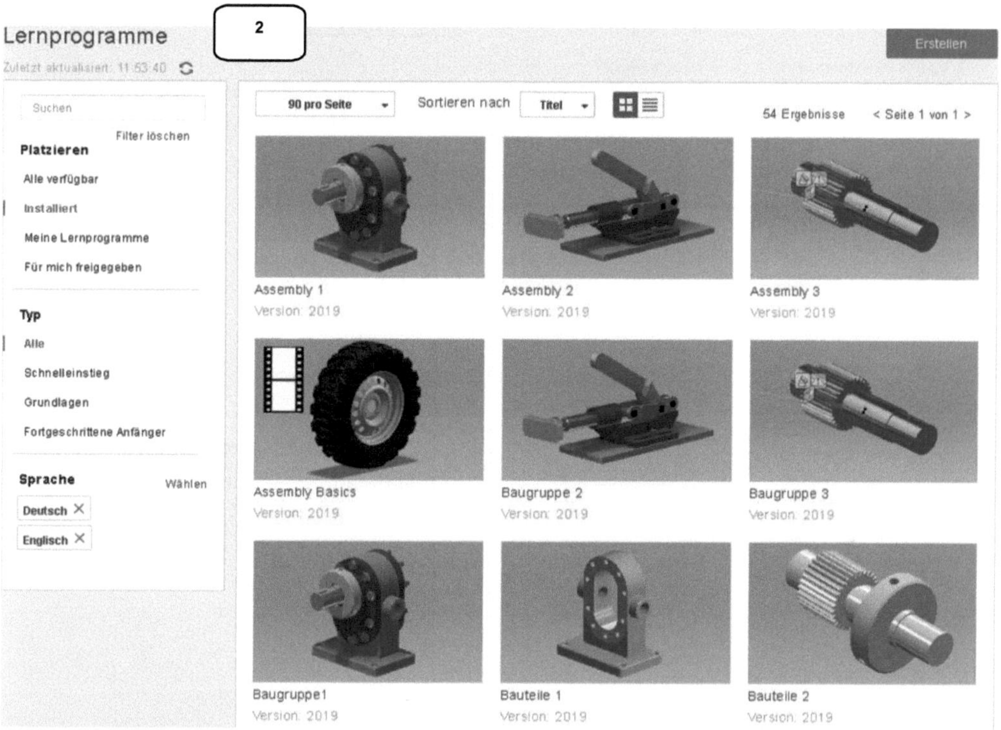

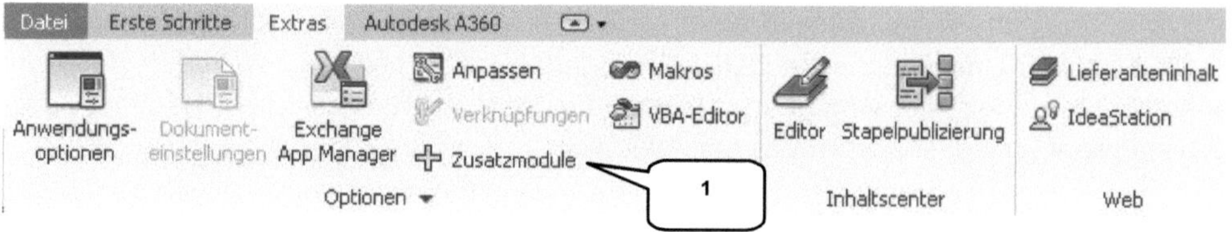

4.3 Zusatzmodule (empfohlene Einstellungen)

In der Befehlsgruppe *Optionen* (Register *Extras*) befindet sich der Befehl ✚ Zusatz-module (1) welcher den *Zusatzmodul-Manager* öffnet. Damit können die automatisch beim Programmstart zusätzlich zu den Standardeinstellungen zu aktivierenden Programm-Module festgelegt werden.

Um ein Modul automatisch laden zu lassen, muss dieses in der *Liste* (2) aktiviert werden, um anschließend die beiden Haken im Bereich *Ladeverhalten* (3) zu setzen. Andernfalls sind die Haken zu entfernen.

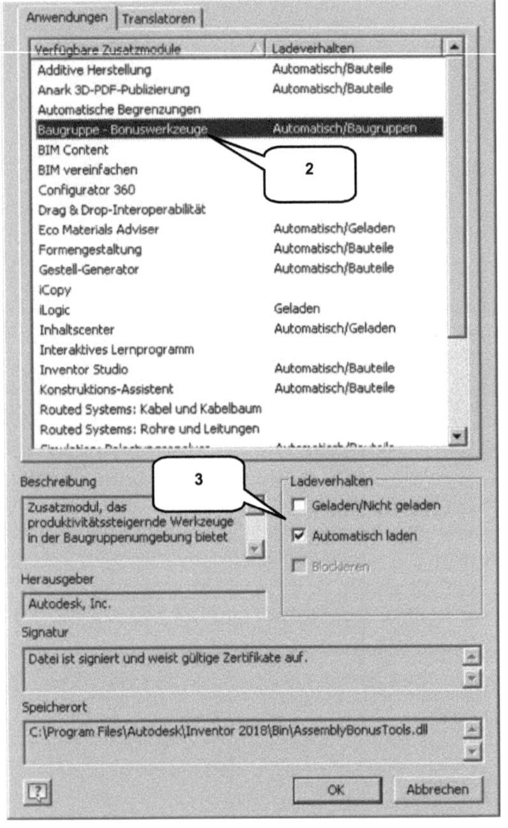

Die Aktivierung der folgenden Module wird empfohlen:

> Additive Herstellung
> Automatische Begrenzungen
> Baugruppe - Bonuswerkzeuge
> BIM-Austausch
> BIM-Vereinfachen
> Gestell-Generator
> iCopy
> iLogic
> Inhaltscenter
> Inventor Studio
> Konstruktions-Assistent
> Simulation: Belastungsanalyse
> Simulation: Dynamische Simulation
> Simulation: Gestellanalyse

HINWEIS: Je nach Programversion (Inventor® oder Inventor® Professional) können einige der Module unter Umständen nicht aktiviert werden. Bitte beachten Sie weiterhin, dass eine generelle Aktivierung aller verfügbaren Module die Leistungsfähigkeit des PCs stark beeinträchtigen kann und deshalb nicht zu empfehlen ist.

4.4   Anwendungsoptionen (empfohlene Einstellungen)

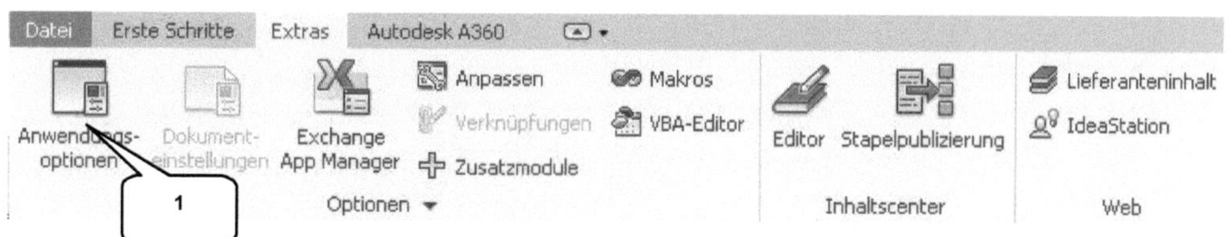

Mit dem Befehl **Anwendungsoptionen** (1) werden die Grundeinstellungen des Programms festgelegt. Er sollte jetzt geöffnet und die folgenden Einstellungen kontrolliert werden:

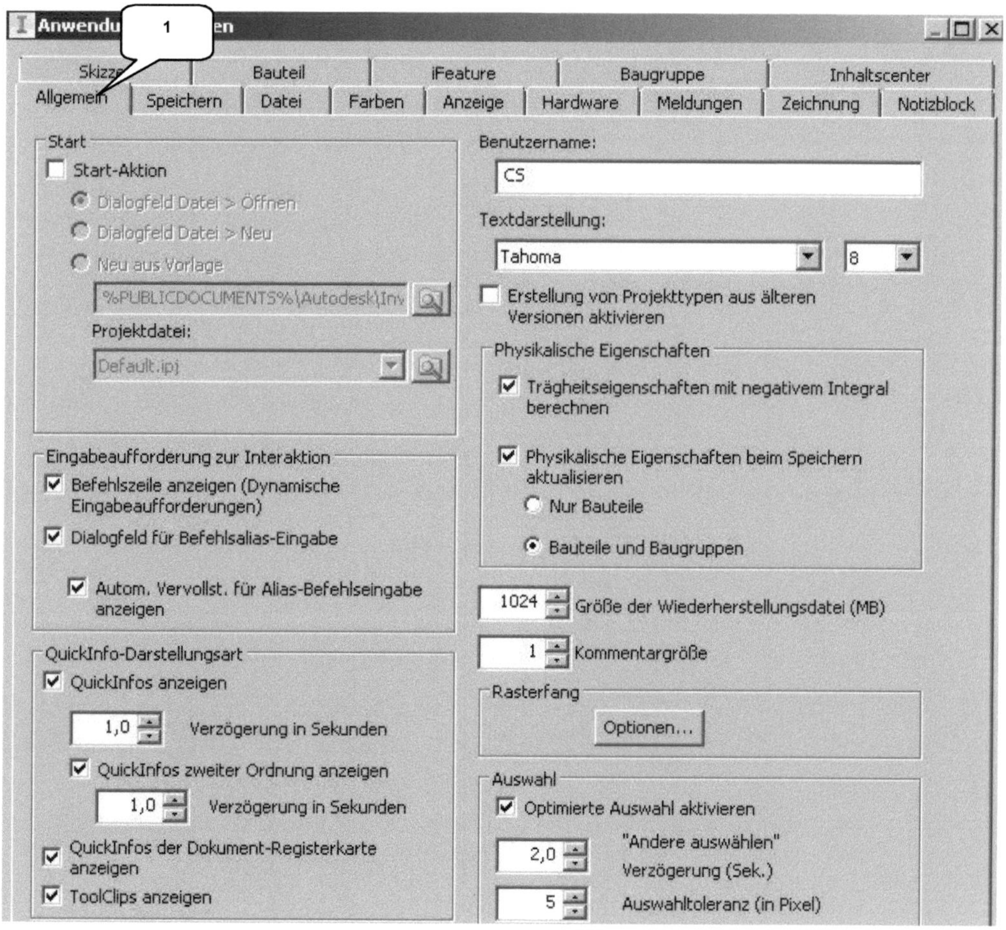

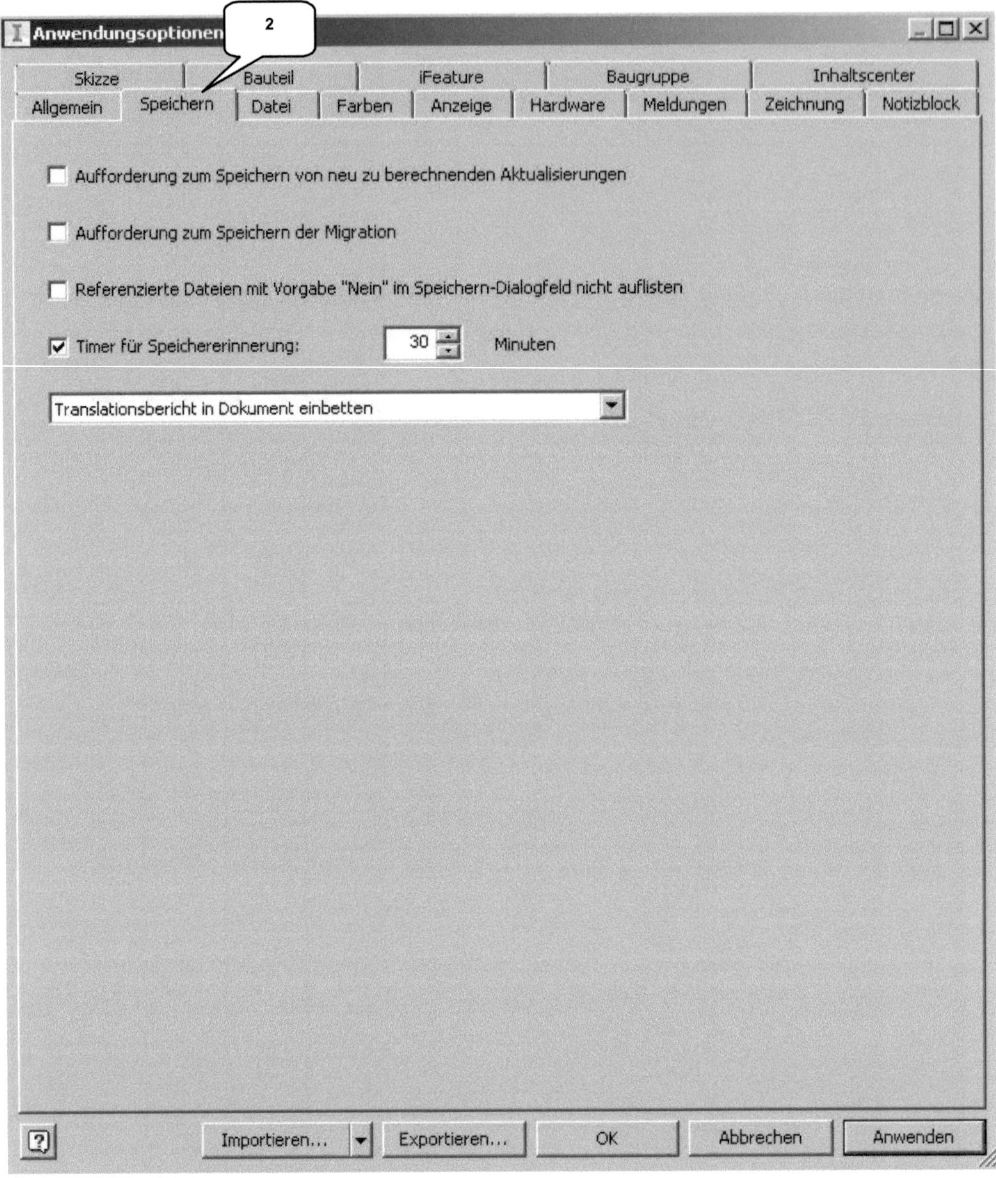
Anwendungsoptionen
2
Skizze
Bauteil
iFeature
Baugruppe
Inhaltscenter
Allgemein
Speichern
Datei
Farben
Anzeige
Hardware
Meldungen
Zeichnung
Notizblock
Aufforderung zum Speichern von neu zu berechnenden Aktualisierungen
Aufforderung zum Speichern der Migration
Referenzierte Dateien mit Vorgabe "Nein" im Speichern-Dialogfeld nicht auflisten
Timer für Speichererinnerung:
30
Minuten
Translationsbericht in Dokument einbetten
Importieren...
Exportieren...
OK
Abbrechen
Anwenden

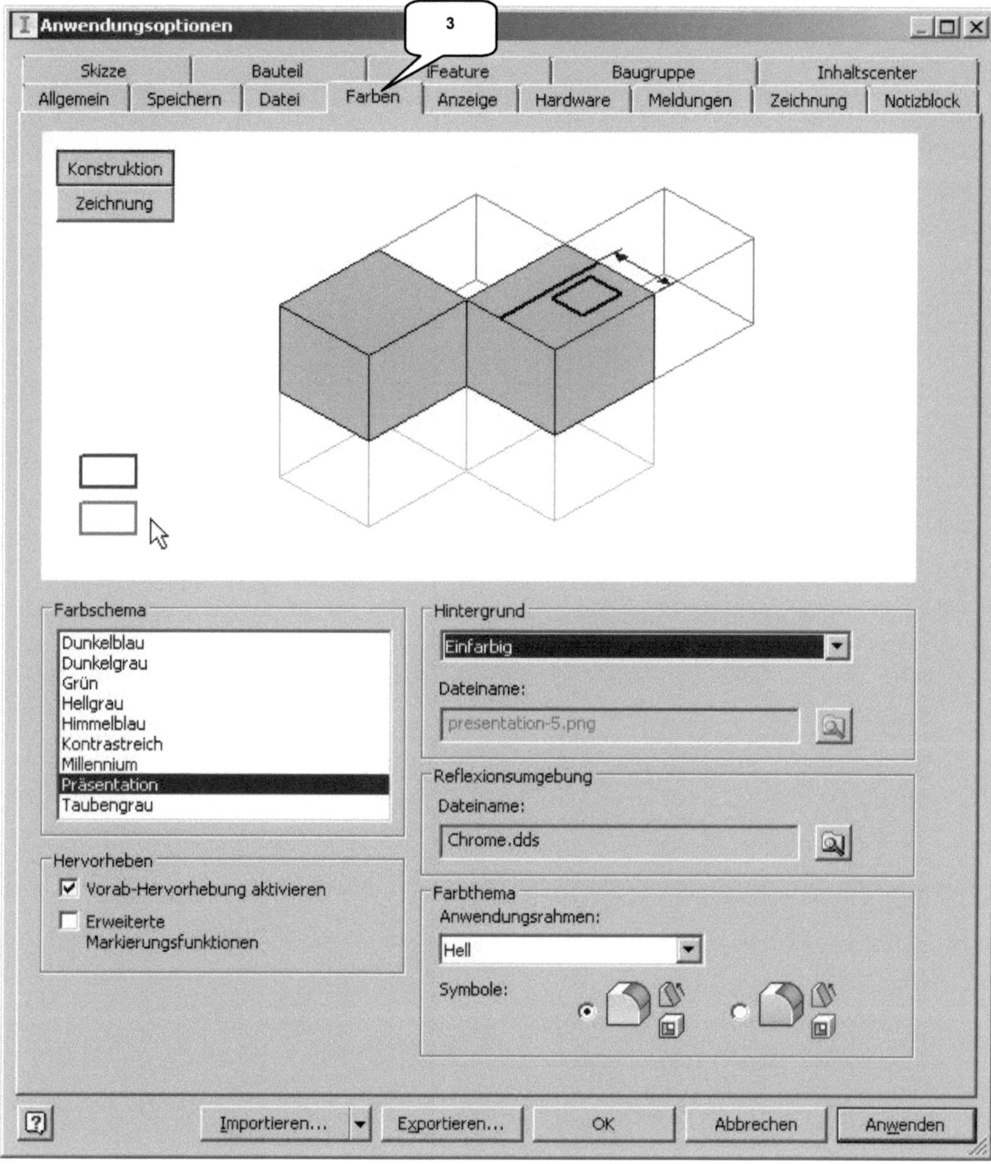
Anwendungsoptionen
3
Skizze
Bauteil
iFeature
Baugruppe
Inhaltscenter
Allgemein
Speichern
Datei
Farben
Anzeige
Hardware
Meldungen
Zeichnung
Notizblock
Konstruktion
Zeichnung
Farbschema
Dunkelblau
Dunkelgrau
Grün
Hellgrau
Himmelblau
Kontrastreich
Millennium
Präsentation
Taubengrau
Hervorheben
Vorab-Hervorhebung aktivieren
Erweiterte
Markierungsfunktionen
Hintergrund
Einfarbig
Dateiname:
presentation-5.png
Reflexionsumgebung
Dateiname:
Chrome.dds
Farbthema
Anwendungsrahmen:
Hell
Symbole:
Importieren...
Exportieren...
OK
Abbrechen
Anwenden

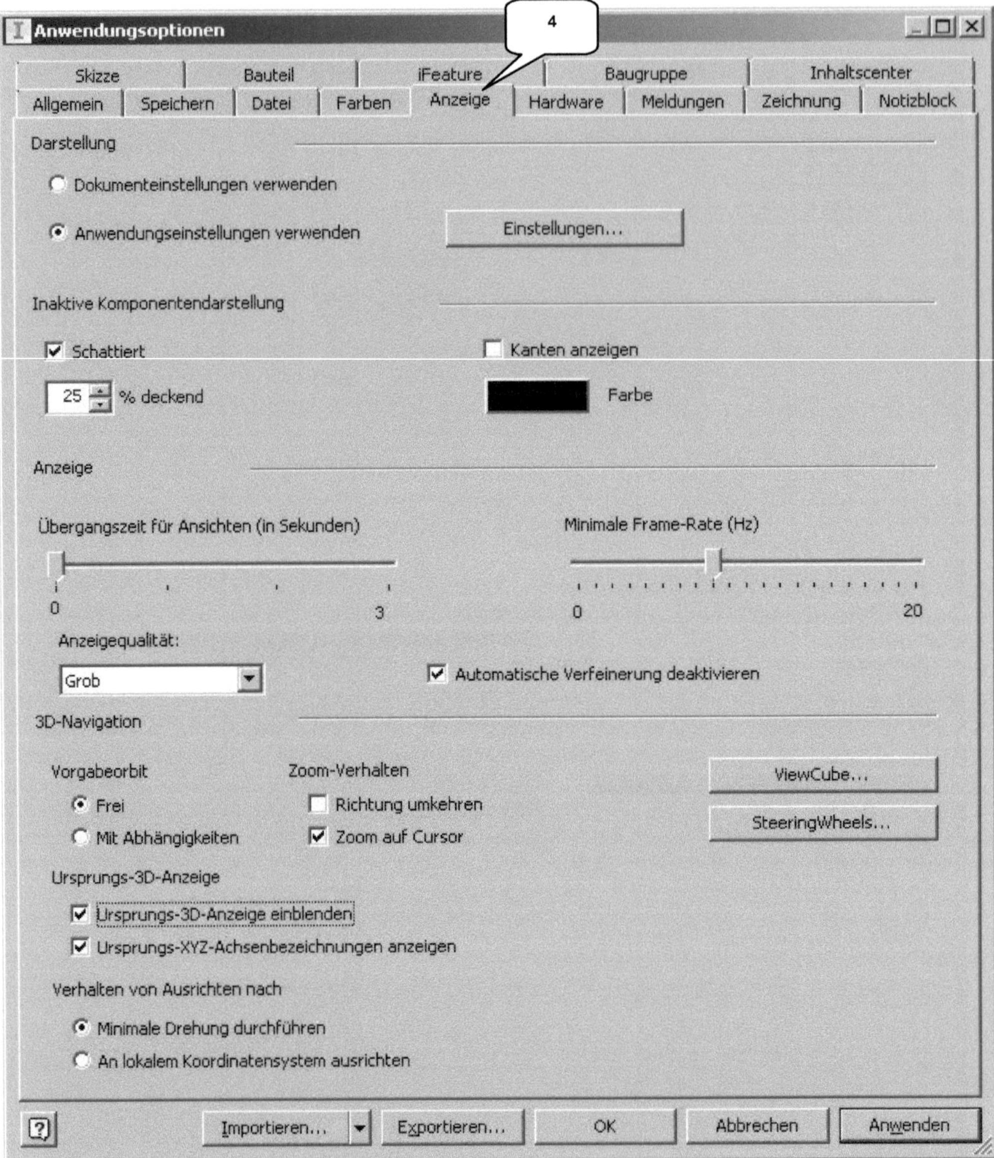
Anwendungsoptionen
4
Skizze
Bauteil
iFeature
Baugruppe
Inhaltscenter
Allgemein
Speichern
Datei
Farben
Anzeige
Hardware
Meldungen
Zeichnung
Notizblock
Darstellung
Dokumenteinstellungen verwenden
Anwendungseinstellungen verwenden
Einstellungen...
Inaktive Komponentendarstellung
Schattiert
Kanten anzeigen
25 % deckend
Farbe
Anzeige
Übergangszeit für Ansichten (in Sekunden)
Minimale Frame-Rate (Hz)
0
3
0
20
Anzeigequalität:
Grob
Automatische Verfeinerung deaktivieren
3D-Navigation
Vorgabeorbit
Zoom-Verhalten
ViewCube...
Frei
Richtung umkehren
SteeringWheels...
Mit Abhängigkeiten
Zoom auf Cursor
Ursprungs-3D-Anzeige
Ursprungs-3D-Anzeige einblenden
Ursprungs-XYZ-Achsenbezeichnungen anzeigen
Verhalten von Ausrichten nach
Minimale Drehung durchführen
An lokalem Koordinatensystem ausrichten
Importieren...
Exportieren...
OK
Abbrechen
Anwenden

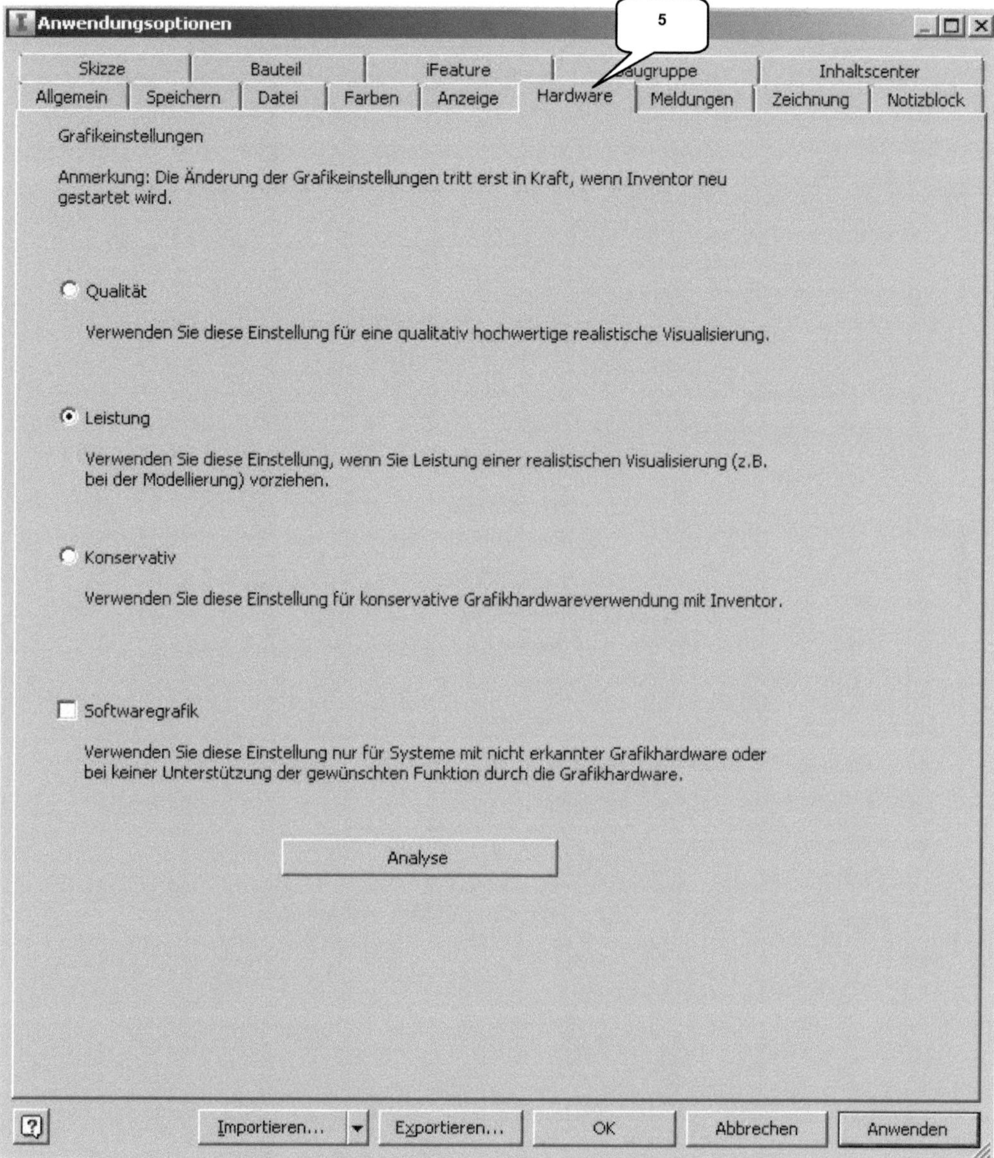
Anwendungsoptionen

5

Skizze   Bauteil   iFeature   Baugruppe   Inhaltscenter
Allgemein   Speichern   Datei   Farben   Anzeige   Hardware   Meldungen   Zeichnung   Notizblock

Grafikeinstellungen

Anmerkung: Die Änderung der Grafikeinstellungen tritt erst in Kraft, wenn Inventor neu gestartet wird.

Qualität

Verwenden Sie diese Einstellung für eine qualitativ hochwertige realistische Visualisierung.

Leistung

Verwenden Sie diese Einstellung, wenn Sie Leistung einer realistischen Visualisierung (z.B. bei der Modellierung) vorziehen.

Konservativ

Verwenden Sie diese Einstellung für konservative Grafikhardwareverwendung mit Inventor.

Softwaregrafik

Verwenden Sie diese Einstellung nur für Systeme mit nicht erkannter Grafikhardware oder bei keiner Unterstützung der gewünschten Funktion durch die Grafikhardware.

Analyse

Importieren...   Exportieren...   OK   Abbrechen   Anwenden

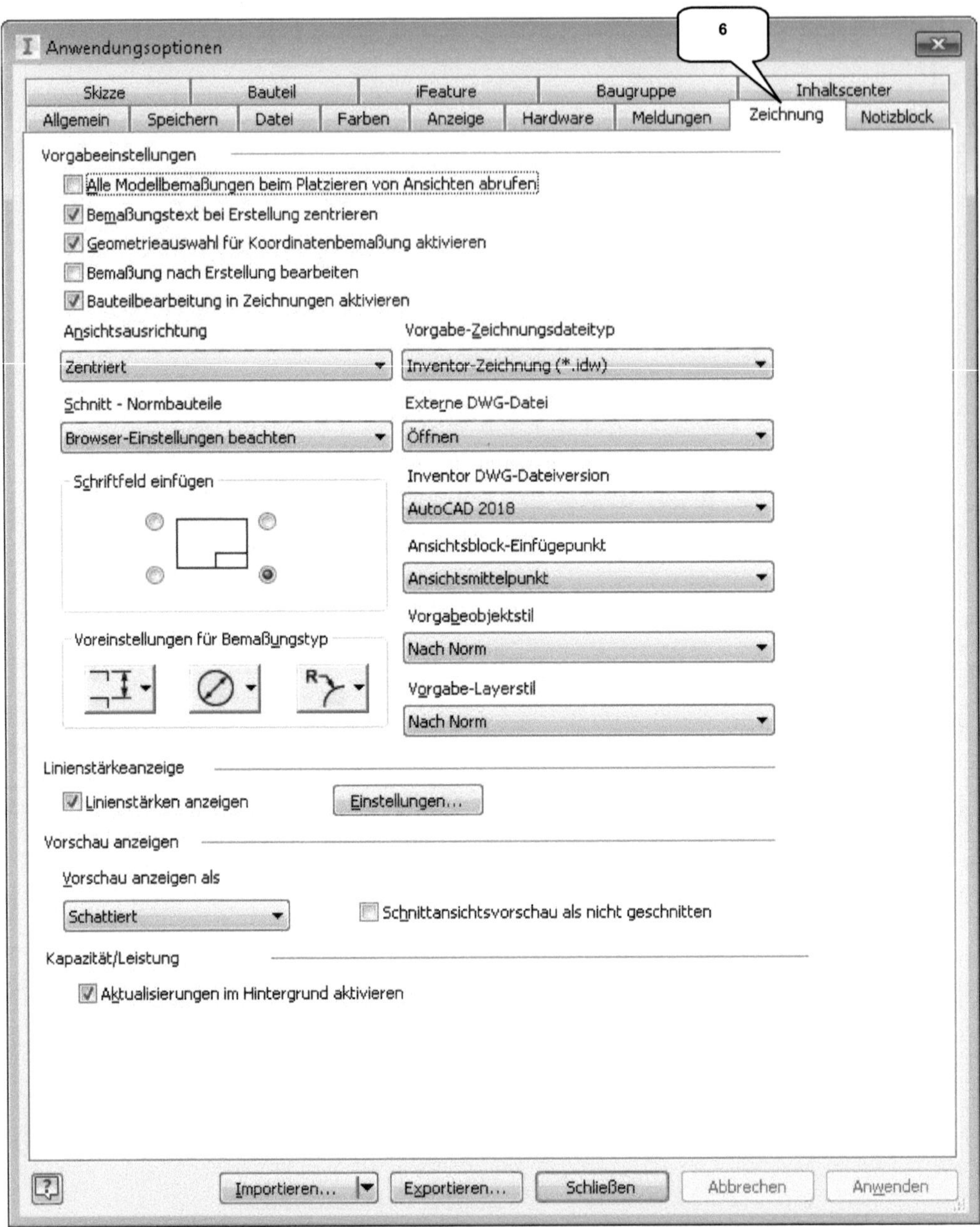
Anwendungsoptionen
6
Skizze
Bauteil
iFeature
Baugruppe
Inhaltscenter
Allgemein
Speichern
Datei
Farben
Anzeige
Hardware
Meldungen
Zeichnung
Notizblock
Vorgabeeinstellungen
Alle Modellbemaßungen beim Platzieren von Ansichten abrufen
Bemaßungstext bei Erstellung zentrieren
Geometrieauswahl für Koordinatenbemaßung aktivieren
Bemaßung nach Erstellung bearbeiten
Bauteilbearbeitung in Zeichnungen aktivieren
Ansichtsausrichtung
Zentriert
Vorgabe-Zeichnungsdateityp
Inventor-Zeichnung (*.idw)
Schnitt - Normbauteile
Browser-Einstellungen beachten
Externe DWG-Datei
Öffnen
Schriftfeld einfügen
Inventor DWG-Dateiversion
AutoCAD 2018
Ansichtsblock-Einfügepunkt
Ansichtsmittelpunkt
Voreinstellungen für Bemaßungstyp
R
Vorgabeobjektstil
Nach Norm
Vorgabe-Layerstil
Nach Norm
Linienstärkeanzeige
Linienstärken anzeigen
Einstellungen...
Vorschau anzeigen
Vorschau anzeigen als
Schattiert
Schnittansichtsvorschau als nicht geschnitten
Kapazität/Leistung
Aktualisierungen im Hintergrund aktivieren
Importieren...
Exportieren...
Schließen
Abbrechen
Anwenden

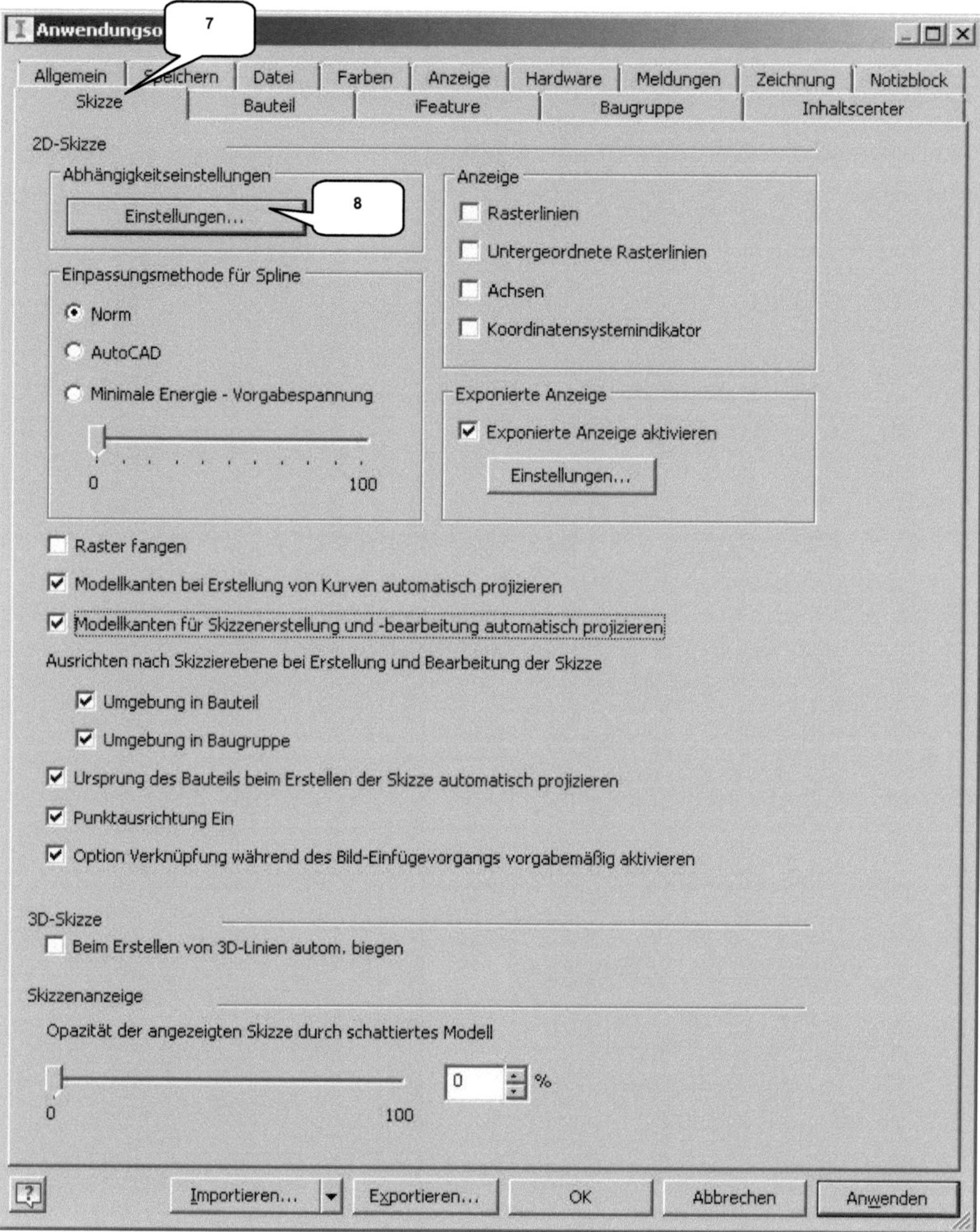
Anwendungso
7
Allgemein   Speichern   Datei   Farben   Anzeige   Hardware   Meldungen   Zeichnung   Notizblock
Skizze   Bauteil   iFeature   Baugruppe   Inhaltscenter
2D-Skizze
Abhängigkeitseinstellungen
Einstellungen...
8
Einpassungsmethode für Spline
Norm
AutoCAD
Minimale Energie - Vorgabespannung
0
100
Anzeige
Rasterlinien
Untergeordnete Rasterlinien
Achsen
Koordinatensystemindikator
Exponierte Anzeige
Exponierte Anzeige aktivieren
Einstellungen...
Raster fangen
Modellkanten bei Erstellung von Kurven automatisch projizieren
Modellkanten für Skizzenerstellung und -bearbeitung automatisch projizieren
Ausrichten nach Skizzierebene bei Erstellung und Bearbeitung der Skizze
Umgebung in Bauteil
Umgebung in Baugruppe
Ursprung des Bauteils beim Erstellen der Skizze automatisch projizieren
Punktausrichtung Ein
Option Verknüpfung während des Bild-Einfügevorgangs vorgabemäßig aktivieren
3D-Skizze
Beim Erstellen von 3D-Linien autom. biegen
Skizzenanzeige
Opazität der angezeigten Skizze durch schattiertes Modell
0
100
0   %
Importieren...   Exportieren...   OK   Abbrechen   Anwenden

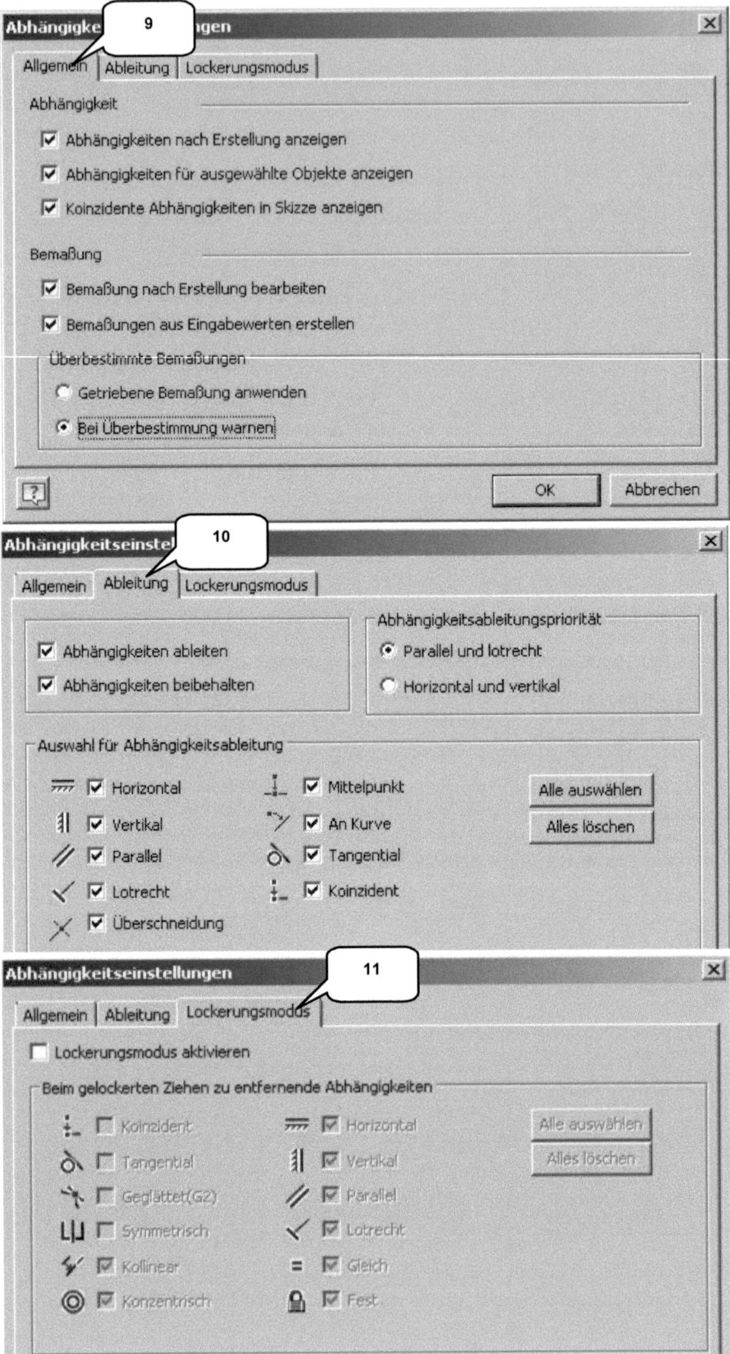
Abhängigke...gen
9
Allgemein | Ableitung | Lockerungsmodus
Abhängigkeit
Abhängigkeiten nach Erstellung anzeigen
Abhängigkeiten für ausgewählte Objekte anzeigen
Koinzidente Abhängigkeiten in Skizze anzeigen
Bemaßung
Bemaßung nach Erstellung bearbeiten
Bemaßungen aus Eingabewerten erstellen
Überbestimmte Bemaßungen
Getriebene Bemaßung anwenden
Bei Überbestimmung warnen
OK
Abbrechen
Abhängigkeitseinstel...
10
Allgemein | Ableitung | Lockerungsmodus
Abhängigkeiten ableiten
Abhängigkeiten beibehalten
Abhängigkeitsableitungspriorität
Parallel und lotrecht
Horizontal und vertikal
Auswahl für Abhängigkeitsableitung
Horizontal
Vertikal
Parallel
Lotrecht
Überschneidung
Mittelpunkt
An Kurve
Tangential
Koinzident
Alle auswählen
Alles löschen
Abhängigkeitseinstellungen
11
Allgemein | Ableitung | Lockerungsmodus
Lockerungsmodus aktivieren
Beim gelockerten Ziehen zu entfernende Abhängigkeiten
Koinzident
Tangential
Geglättet(G2)
Symmetrisch
Kollinear
Konzentrisch
Horizontal
Vertikal
Parallel
Lotrecht
Gleich
Fest
Alle auswählen
Alles löschen

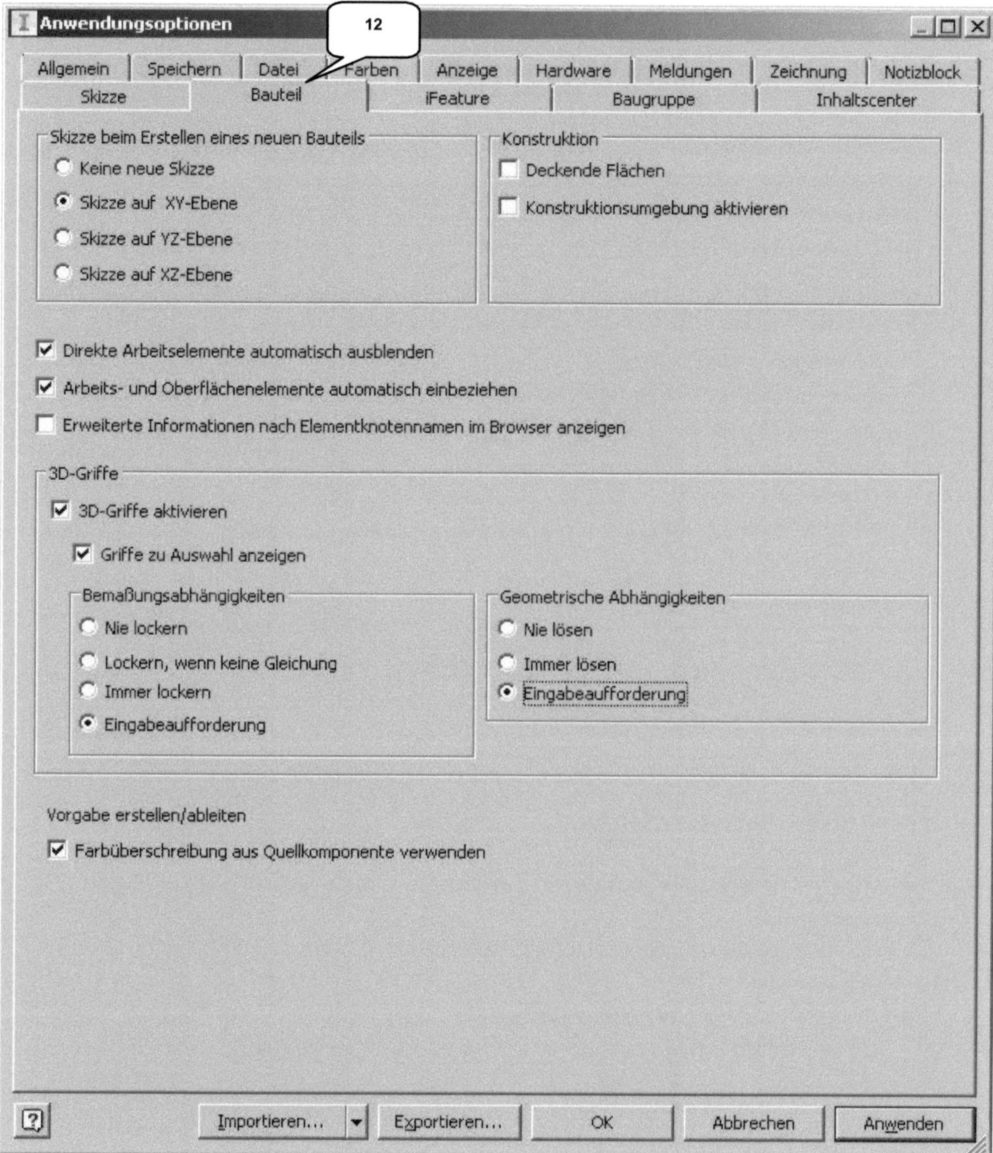
Anwendungsoptionen
12
Allgemein   Speichern   Datei   Farben   Anzeige   Hardware   Meldungen   Zeichnung   Notizblock
Skizze   Bauteil   iFeature   Baugruppe   Inhaltscenter
Skizze beim Erstellen eines neuen Bauteils
Keine neue Skizze
Skizze auf XY-Ebene
Skizze auf YZ-Ebene
Skizze auf XZ-Ebene
Konstruktion
Deckende Flächen
Konstruktionsumgebung aktivieren
Direkte Arbeitselemente automatisch ausblenden
Arbeits- und Oberflächenelemente automatisch einbeziehen
Erweiterte Informationen nach Elementknotennamen im Browser anzeigen
3D-Griffe
3D-Griffe aktivieren
Griffe zu Auswahl anzeigen
Bemaßungsabhängigkeiten
Nie lockern
Lockern, wenn keine Gleichung
Immer lockern
Eingabeaufforderung
Geometrische Abhängigkeiten
Nie lösen
Immer lösen
Eingabeaufforderung
Vorgabe erstellen/ableiten
Farbüberschreibung aus Quellkomponente verwenden
Importieren...   Exportieren...   OK   Abbrechen   Anwenden

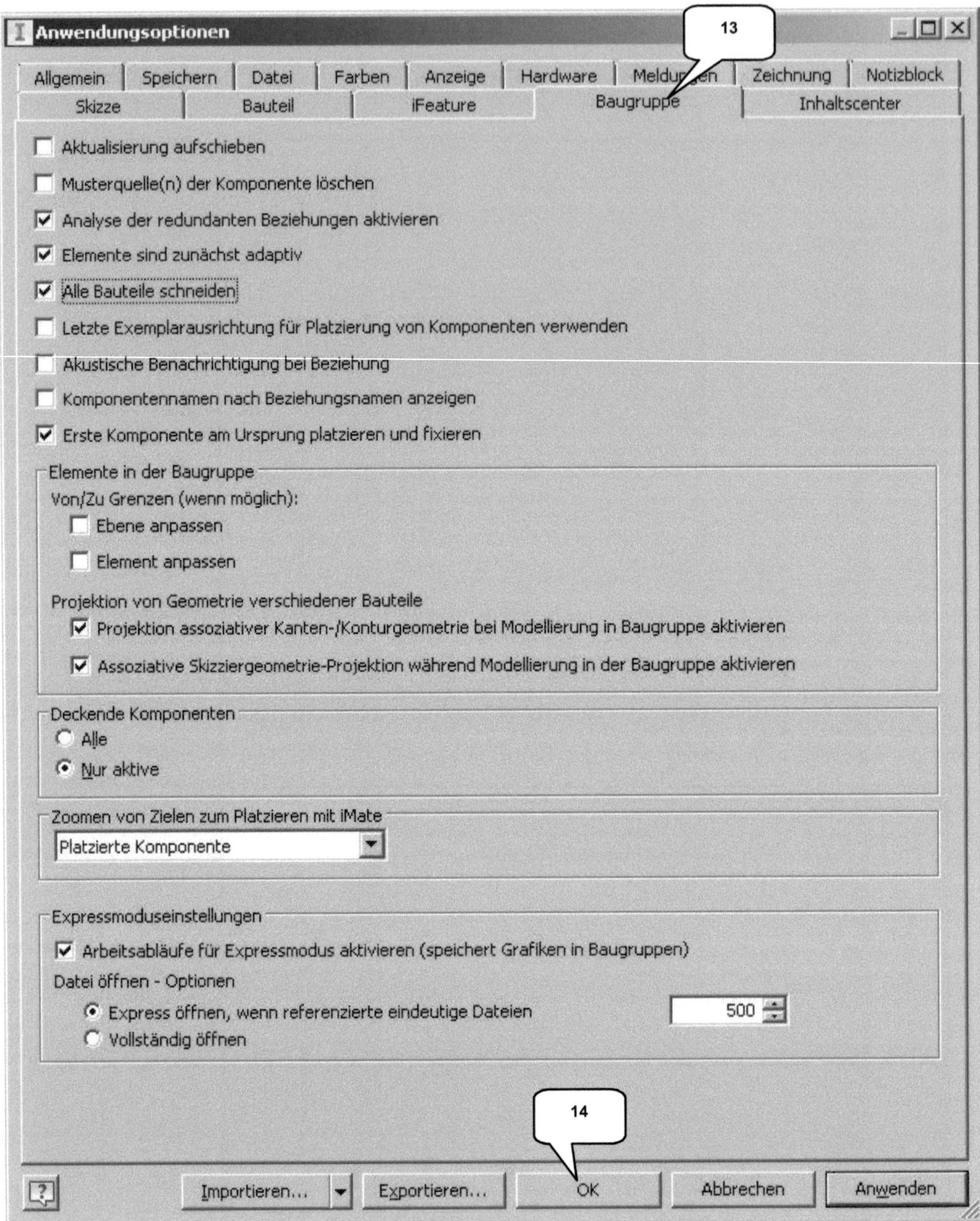
Anwendungsoptionen
13
Allgemein | Speichern | Datei | Farben | Anzeige | Hardware | Meldungen | Zeichnung | Notizblock
Skizze | Bauteil | iFeature | Baugruppe | Inhaltscenter
Aktualisierung aufschieben
Musterquelle(n) der Komponente löschen
Analyse der redundanten Beziehungen aktivieren
Elemente sind zunächst adaptiv
Alle Bauteile schneiden
Letzte Exemplarausrichtung für Platzierung von Komponenten verwenden
Akustische Benachrichtigung bei Beziehung
Komponentennamen nach Beziehungsnamen anzeigen
Erste Komponente am Ursprung platzieren und fixieren
Elemente in der Baugruppe
Von/Zu Grenzen (wenn möglich):
Ebene anpassen
Element anpassen
Projektion von Geometrie verschiedener Bauteile
Projektion assoziativer Kanten-/Konturgeometrie bei Modellierung in Baugruppe aktivieren
Assoziative Skizziergeometrie-Projektion während Modellierung in der Baugruppe aktivieren
Deckende Komponenten
Alle
Nur aktive
Zoomen von Zielen zum Platzieren mit iMate
Platzierte Komponente
Expressmoduseinstellungen
Arbeitsabläufe für Expressmodus aktivieren (speichert Grafiken in Baugruppen)
Datei öffnen - Optionen
Express öffnen, wenn referenzierte eindeutige Dateien
500
Vollständig öffnen
14
Importieren... | Exportieren... | OK | Abbrechen | Anwenden

5 Aktivierung des Einzelbenutzerprojekts

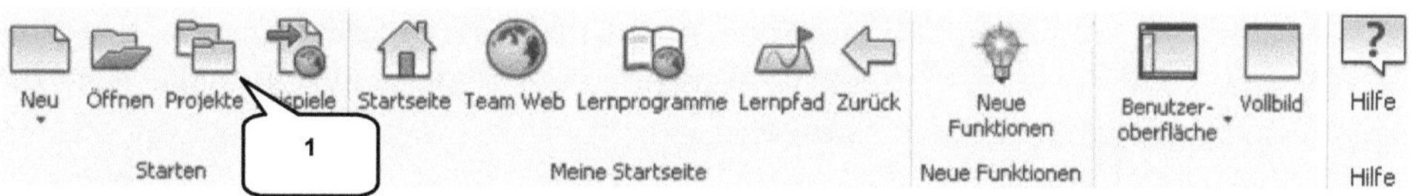

Inventor® arbeitet grundsätzlich in Projekten, was die Koordination zusammenhängender Dateien und Einstellungen vereinfacht. Eine Projektdatei (*.ipj) sichert alle Informationen und Querverweise eines Projekts. Das ist wichtig, wenn später komplexe Baugruppen archiviert oder von einem PC auf einen anderen übertragen werden sollen.

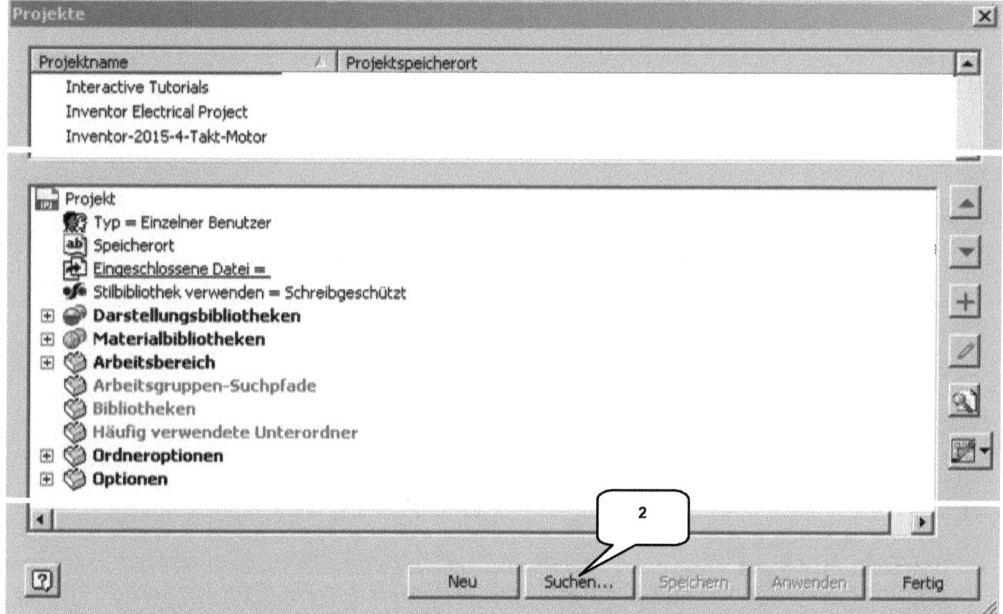

Starten Sie im Register *Erste Schritte* (Befehlsgruppe *Starten*) den Befehl Projekte (1).

Mit der Option *Suchen* (2) soll in Ihrem Projektordner die Projektdatei *Übung-Konstruktion-2020.ipj* (3) aktiviert werden, welche sich bereits bei den extrahierten Dateien befindet.

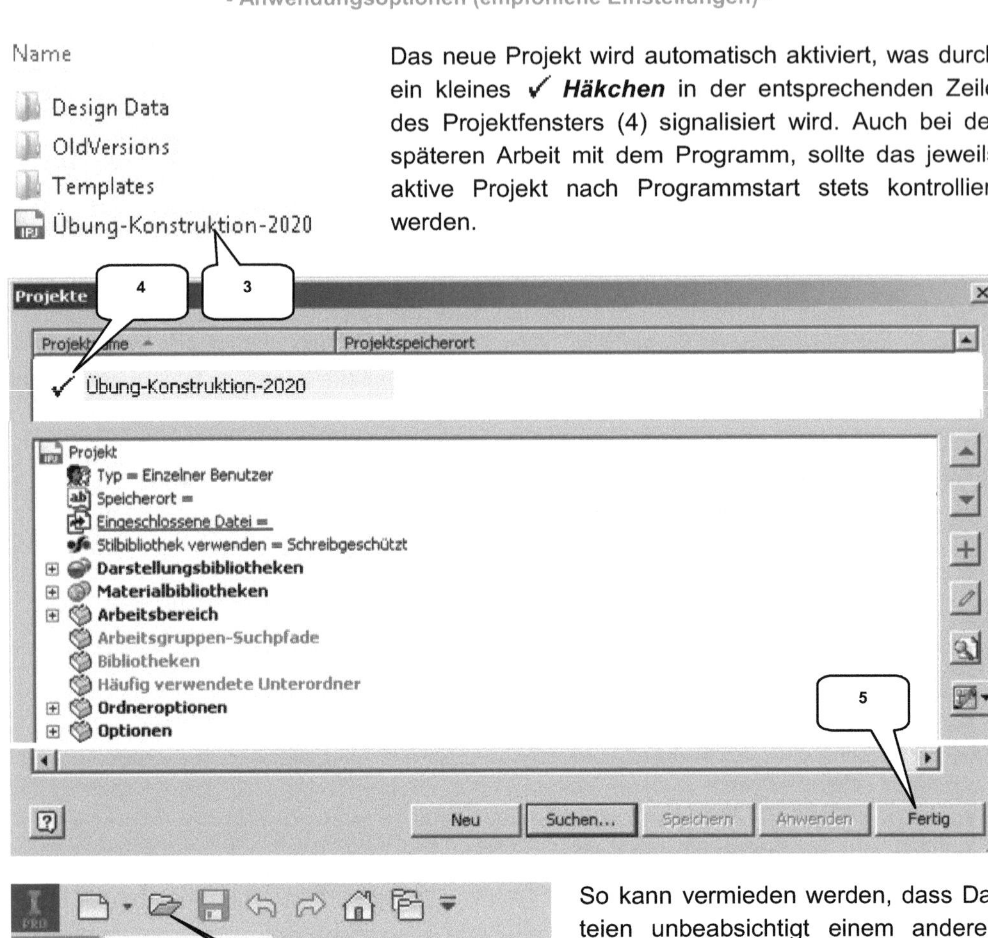

Das neue Projekt wird automatisch aktiviert, was durch ein kleines ✓ *Häkchen* in der entsprechenden Zeile des Projektfensters (4) signalisiert wird. Auch bei der späteren Arbeit mit dem Programm, sollte das jeweils aktive Projekt nach Programmstart stets kontrolliert werden.

So kann vermieden werden, dass Dateien unbeabsichtigt einem anderen Projekt zugeordnet werden.

Wurde das Projekt[1] aktiviert, kann das Befehlsfenster durch *Fertig* (5) beendet werden um die Baugruppe *4-Takt-Motor.iam* (7) zu öffnen (6), welche sich im Downloadordner befindet.

---

[1] Die Kontrolle des korrekt aktivierten Projektes sollte bei jeder Arbeit mit dem Programm vorgenommen werden. Es hilft dabei, ein strukturiertes Arbeiten mit dem Programm zu garantieren.

6 Komplettierung des Kurbeltriebs

6.1 Theoretische Grundlagen zum Zahnriemenantrieb

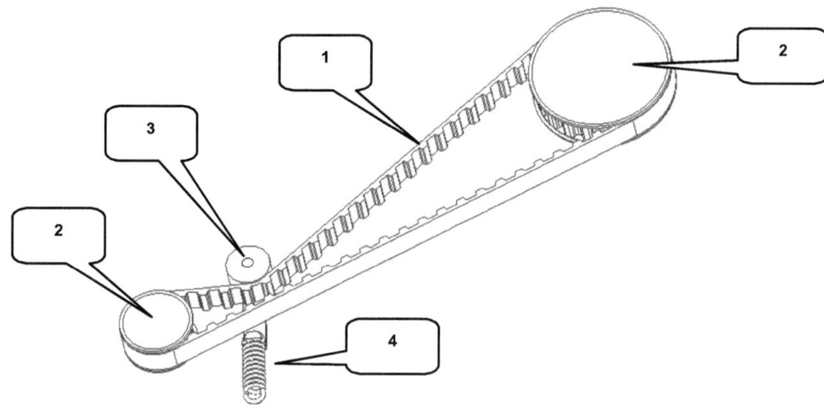

Um die Nockenwelle des 4-Takt-Motors antreiben zu können, sollen Nocken- und Kurbelwelle über einen **Zahnriemenantrieb** miteinander verbunden werden. Zahnriemenantriebe kommen sehr häufig zum Einsatz, weil sie bedingt durch ihren Aufbau besonders geräuscharm während des Betriebs sind. Der Riemen (1) verbindet die Zahnräder (2) der Wellen miteinander und wird zusätzlich durch eine Spannrolle (3) und eine Feder (4) gespannt.

6.2 Konstruktion eines Zahnriemenantriebes
6.2.1 Befehlsgrundlagen ZAHNRIEMEN-GENERATOR

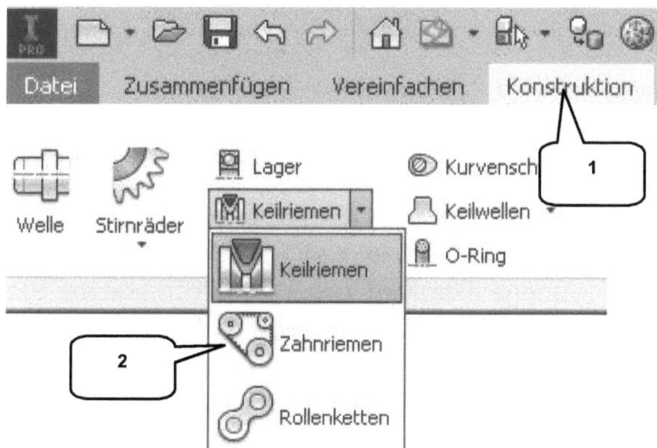

Zahnriemenantriebe können im Register **Konstruktion** (1) mit dem Befehl **Zahnriemen-Generator** (2) erstellt und berechnet werden.

Hier ist zuerst der gewünschte Zahnriementyp auszuwählen und es müssen dann die Referenzen zur Positionierung ausgewählt werden. Weiterhin können zusätzliche Riemenscheiben platziert werden.

6.2.1.1 Register KONSTRUKTION

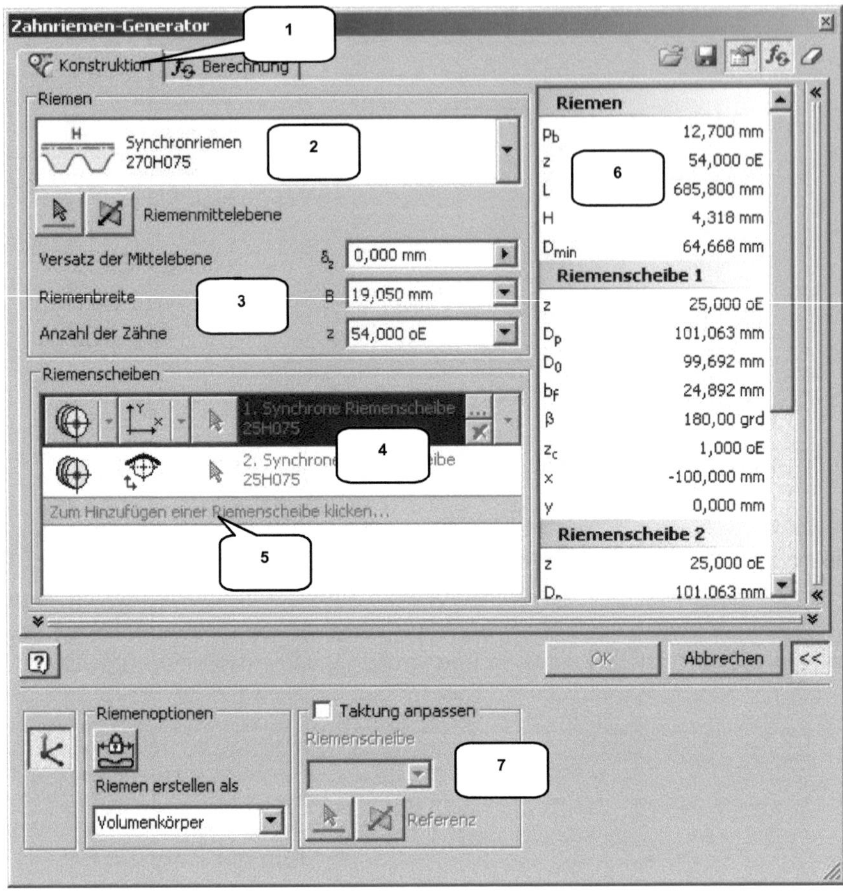

INHALT

Im Register *Konstruktion* kann ein Zahnriementyp aus dem Inhaltscenter ausgewählt und anschließend bearbeitet werden. Riemenscheiben und Spannrollen können ergänzt und bearbeitet werden. Die Konstellation kann als Vorlage exportiert werden und vorhandene Vorlagen können importiert werden.

OPTIONEN

1) Register: Konstruktion/ Berechnung

2) Riementyp auswählen

3) Riemenmittelebene, Versatz der Mittelebene, Riemenbreite und Anzahl der Zähne

4) Riemenscheiben/ Spannrollen bearbeiten

5) Riemenscheiben/ Spannrollen hinzufügen

6) Berechnungsergebnisse

7) Riementrieb als Skizze, Volumenkörper oder detailliert darstellen

6.2.1.2   Register BERECHNUNG

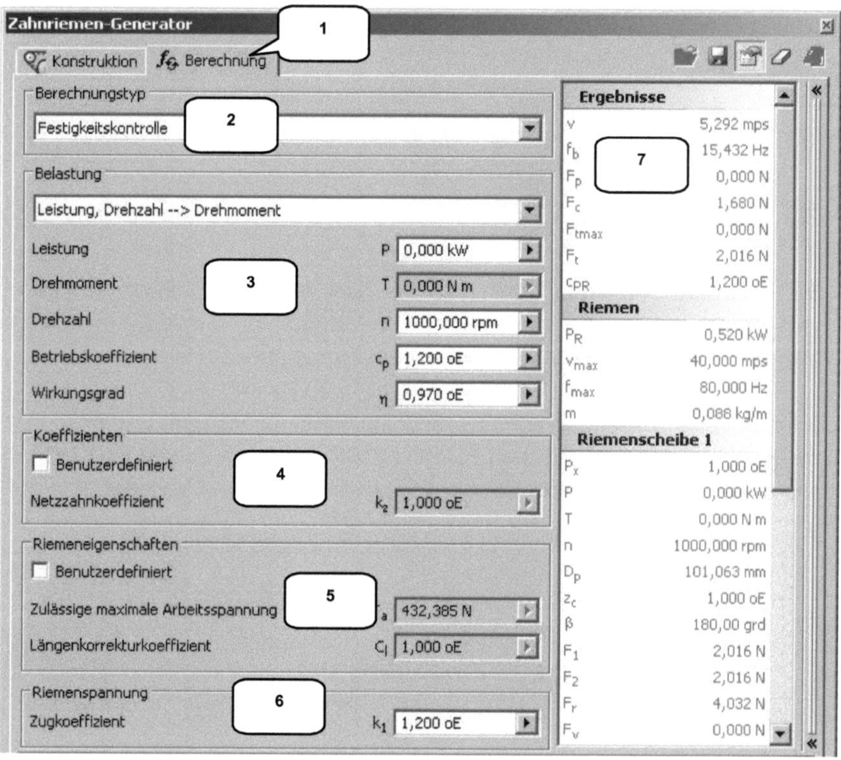

INHALT

Im Register **Berechnung** kann der Riemenantrieb zur Dimensionierung oder zu Kontrollzwecken berechnet werden.

OPTIONEN

1) Register: Konstruktion/ Berechnung
2) Berechnungstyp
3) Belastung
4) Koeffizienten

5) Riemeneigenschaften
6) Riemenspannung
7) Berechnungsergebnisse

6.2.2 Zahnriemenantrieb zwischen Nocken-und Kurbelwelle erzeugen

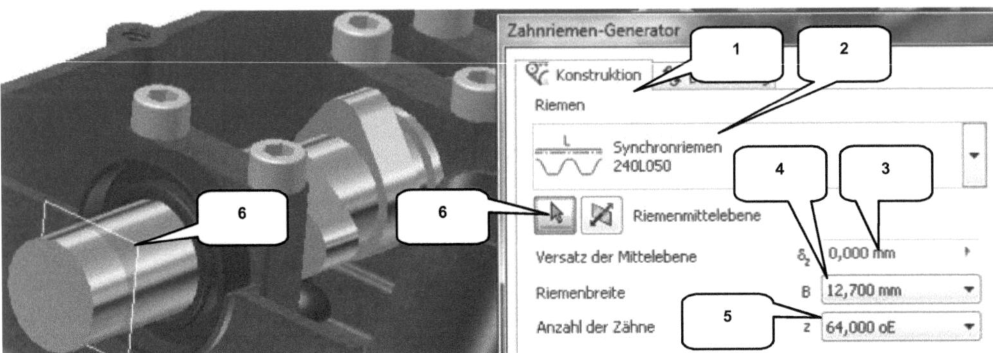

Wählen Sie im Register **Konstruktion** (1) per Klick auf das **Riemensymbol** (2) den Riementyp **Synchronriemen L**, wählen Sie einen Versatz von **0 mm** (3) eine Riemenbreite von **12,7 mm** (4) und definieren Sie die Anzahl der Zähne mit dem Wert **64** (5).

Die axiale Platzierung des Riemens muss natürlich direkt an Nocken- und Kurbelwelle erfolgen, wobei die jeweiligen zylindrischen Flächen als Referenzen zu wählen sind. Als radiale **Referenzebene** ist die markierte Ebene (6) zu verwenden: sie befindet sich auf der Nockenwelle.

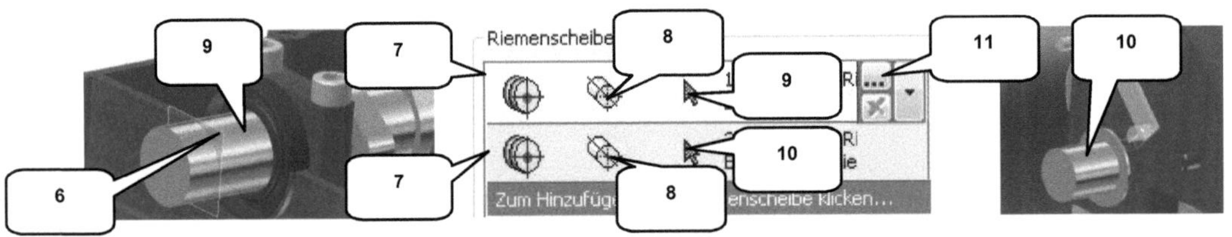

Im Auswahlfeld der **Riemenscheiben** müssten bereits zwei Riemenscheiben vordefiniert sein. Achten Sie darauf, dass in beiden Zeilen jeweils die Optionen **Komponente** (7) und **Feste Position über ausgewählte Geometrie** (8) aktiviert ist[2].

---

[2] Sollten andere als die geforderten Optionen aktiviert sein, müssen diese korrigiert werden.

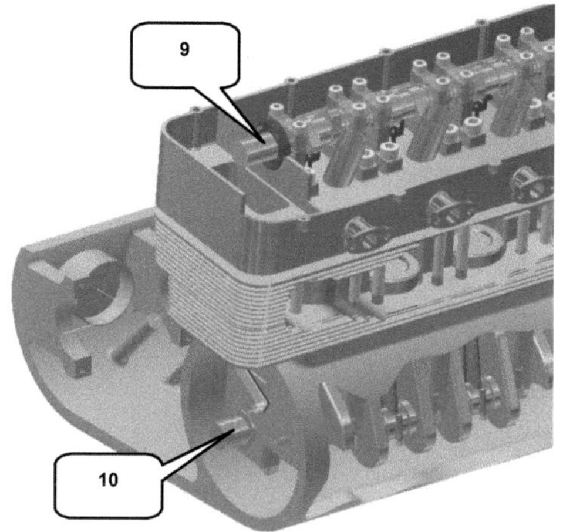

Weisen Sie der ersten Riemenscheibe die Zylinderfläche der Nockenwelle (9) zu und der zweiten Riemenscheibe die Zylinderfläche der Kurbelwelle (10)[3].

Klicken Sie auf die Zeile des ersten Riemenrades und öffnen Sie dort die ⋯ *Ei-genschaften* (11). Aktivieren Sie dort die *Benutzerdefinierte Größe* (12) und übernehmen Sie alle Einstellungen und Werte der folgenden Abbildung.

Beenden Sie den Befehl abschließend mit OK *OK*.

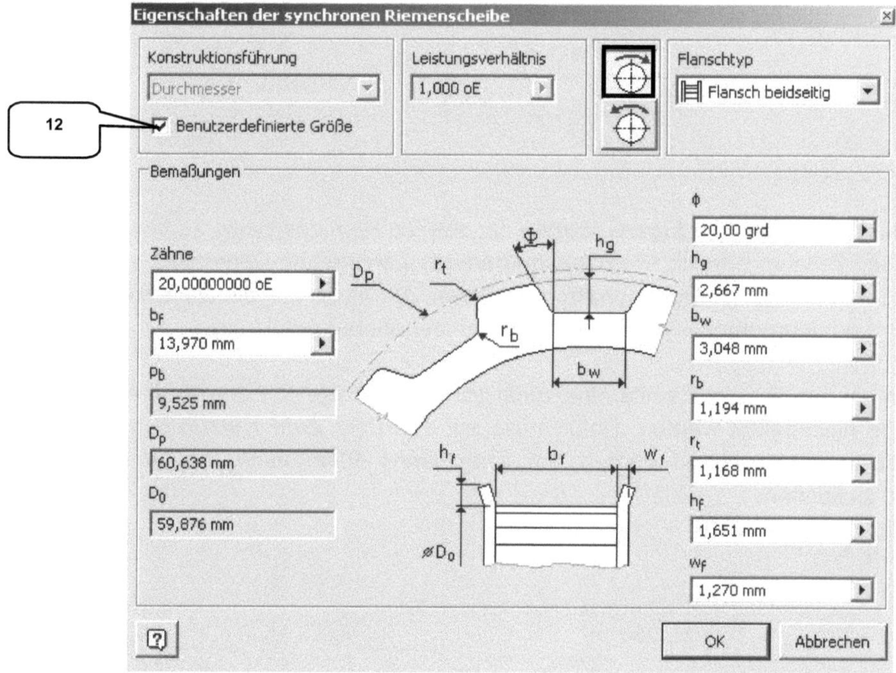

---

[3] Sollte die Auswahl der Riemenscheiben-Referenzen nicht möglich sein (der *Pfeil* würde dann grau hinterlegt sein und sich nicht aktivieren lassen), dann aktivieren Sie zuerst die Option Vorhanden *Vorhanden*, wählen danach die Referenzen aus und kehren anschließend wieder zur Option Komponente *Komponente* zurück.

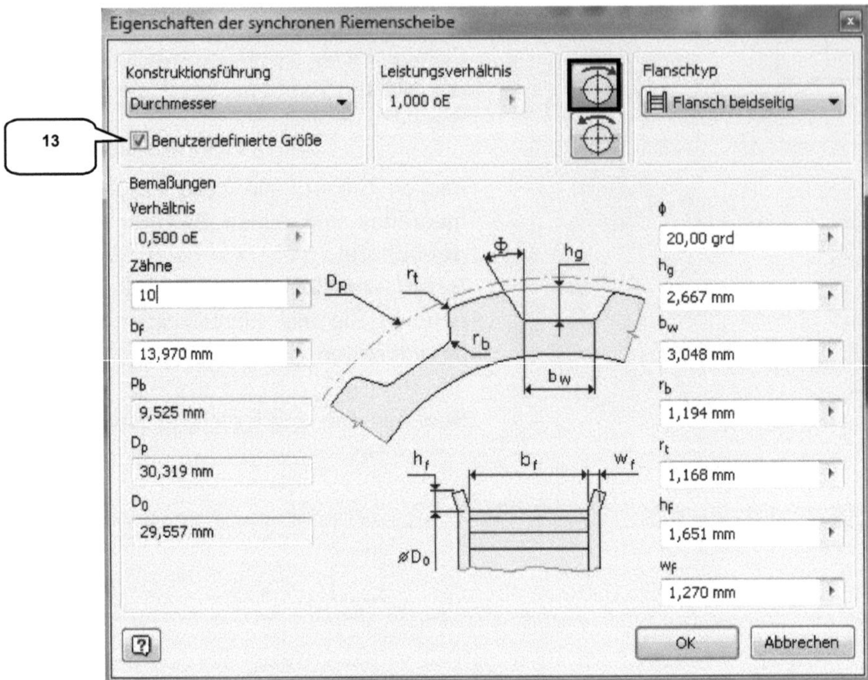

Im Anschluss daran sind die *Eigenschaften* der zweiten Riemenscheibe zu bearbeiten, wofür die zweite Zeile im Bereich *Riemenscheiben* des Zahnriemen-Generators aktiviert werden muss, um dort die ⬛ *Eigenschaften* zu öffnen. Aktivieren Sie die *Benutzerdefinierte Größe* (13) und übernehmen Sie die Einstellungen der oberen Abbildung.

Zum Spannen des Riemens sollte eine zusätzliche Spannrolle in Form einer flachen Riemenscheibe hinzugefügt werden. Dafür muss auf das Feld *Zum Hinzufügen einer Riemenscheibe ...* (14) geklickt werden, um eine *Flache Riemenscheibe (metrisch)* (15) auswählen zu können.

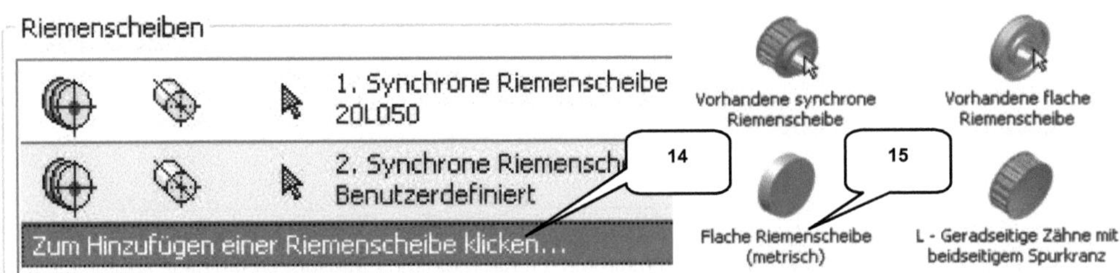

Aktivieren Sie in der neuen Zeile die Optionen ⊕ Komponente *Komponente* (16) sowie ⊛ *Richtungsorientierte verschiebbare Position* (17) und als ▶ *Richtungsreferenz* die Ebene (18) am Bauteil *Führung-Spannrolle-Zahnriemen*.

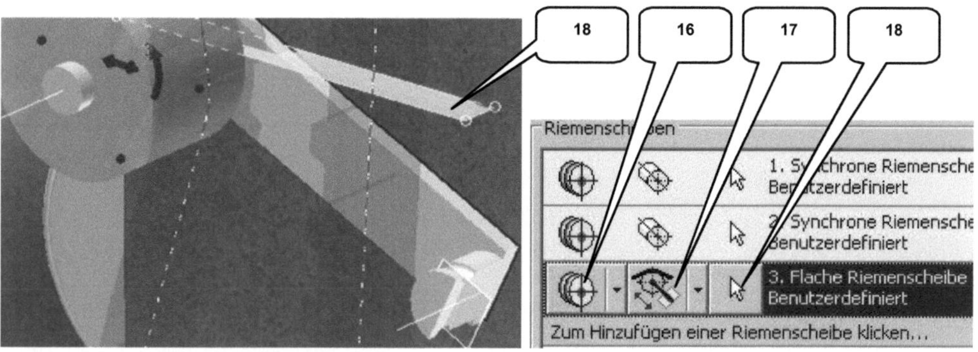

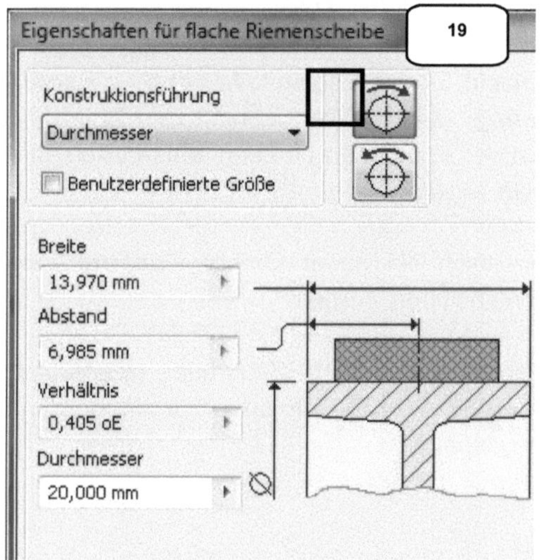

Die Option ⊛ *Richtungsorientierte verschiebbare Position* gibt der Riemenscheibe die Möglichkeit, sich planar auf der Ebene frei bewegen zu können. Dadurch kann das Programm die Zahnriemenlänge - unter Beachtung der technischen Randbedingungen - berechnen[4].

Öffnen Sie dafür die ⎕ *Eigenschaften* der flachen Riemenscheibe und übernehmen Sie die Vorgaben der nebenstehenden Abbildung (19).

Derzeit verläuft der Zahnriemen noch links neben der Spannrolle (20), was aufgrund der konstruktiven Eigenschaften des Zahnriemens (außen glatt, innen gezahnt) natürlich falsch wäre. Klicken Sie zur Korrektur auf den *gebogenen Pfeil* (21) der Spannrolle. Der Verlauf des Zahnriemens müsste jetzt korrigiert worden sein (22).

---

[4] Zahnriemenantriebe unterliegen festen Berechnungsvorschriften. Um dem Programm zu ermöglichen, die Riemenlänge unter Beachtung aller Parameter korrekt errechnen zu können, ist es notwendig, eine der drei Riemenscheiben mit einem zusätzlichen Freiheitsgrad zu versehen: Er ermöglicht eine Korrektur der Riemenlänge.

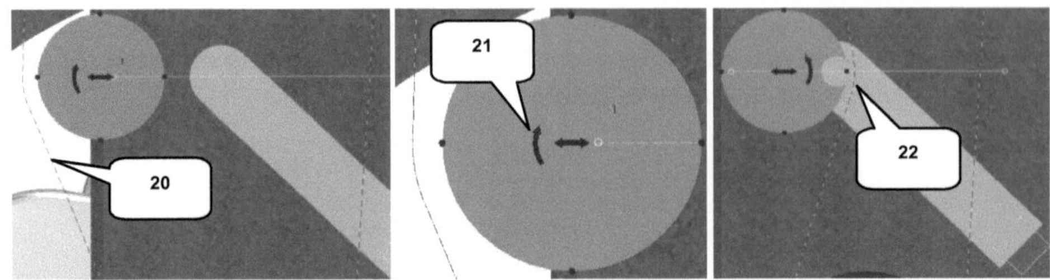

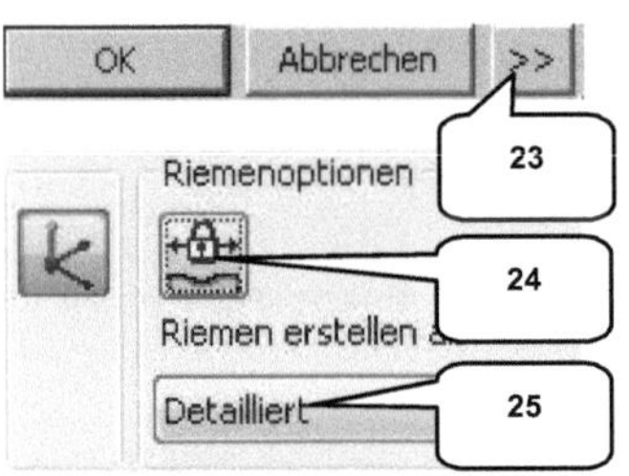

Das korrigierte Ergebnis ist in der oberen rechten Abbildung zu sehen. Der Riementrieb kann jetzt berechnet werden.

>> *Erweitern* Sie das Befehlsfenster (23) und deaktivieren Sie im unteren Bereich des Zahnriemen-Generators die *Riemenlängensperre* (24).

Stellen Sie die Option *Detailliert* (25) ein, wechseln Sie ins Register *Berechnung* **Berechnung** und starten Sie die Berechnen *Berechnung*. OK *OK* beendet den Befehl abschließend. [5] Die Abfrage nach dem Speicherort der Komponenten Zahnriemen, Riemenräder und Spannrolle kann ebenfalls mit OK *OK* bestätigt werden[6].

Innerhalb des Projektordners wird jetzt automatisch ein neuer Ordner *Konstruktions-Assistent* erstellt, worin die neuen Komponenten gesichert werden.

Nachdem der Zahnriemen konstruiert wurde, sollte die gesamte Baugruppe *gespeichert* werden. Dabei ist darauf zu achten, die Option Ja für alle *Ja für alle* zu aktivieren, denn nur so werden die neuen Komponenten auch sicher gespeichert.

---

[5] Sollte während der Berechnung des Riemenantriebs eine Fehlermeldung angezeigt werden, bestätigen Sie sie einfach. Leider reagiert das Programm auf kleine Abweichungen oft sehr sensibel, was der erfolgreichen Konstruktion allerdings keine großen Probleme bereiten wird.

[6] Soll der Zahnriemenantrieb später bearbeitet werden, so muss (am besten im Browser) mit der *rechten Maustaste* darauf geklickt und im Kontextmenü die Option *Mit Konstruktions-Assistent bearbeiten* ausgewählt werden. Um den kompletten Zahnriemenantrieb aus der Baugruppe zu löschen, muss im Kontextmenü die Option *Konstruktions-Assistent-Komponente löschen* ausgewählt werden. Dieses Vorgehen funktioniert bei allen Elementen des Registers *Konstruktion*, die über Programm-Generatoren erstellt wurden.

6.2.3 Befehlsgrundlagen ZUGFEDER-KOMPONENTEN-GENERATOR

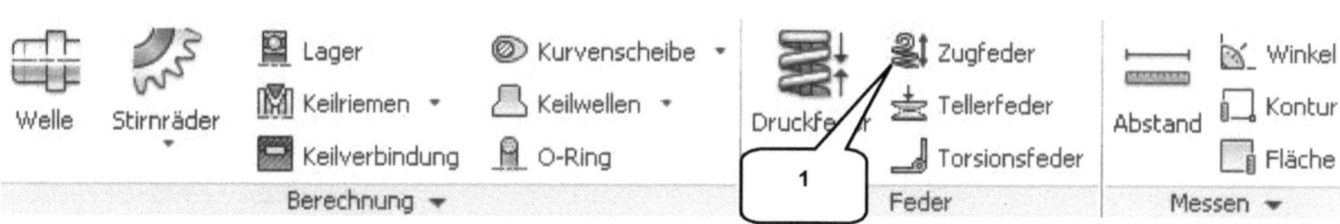

Mit dem **Zugfeder-Komponenten-Generator** (1) können Zugfedern konstruiert und berechnet werden. Sie können während der Konstruktionsphase leider nicht auf bereits vorhandene geometrische Elemente der Baugruppe bezogen platziert werden, weshalb sie manuell mit Abhängigkeiten versehen werden müssen.

6.2.3.1 Register KONSTRUKTION

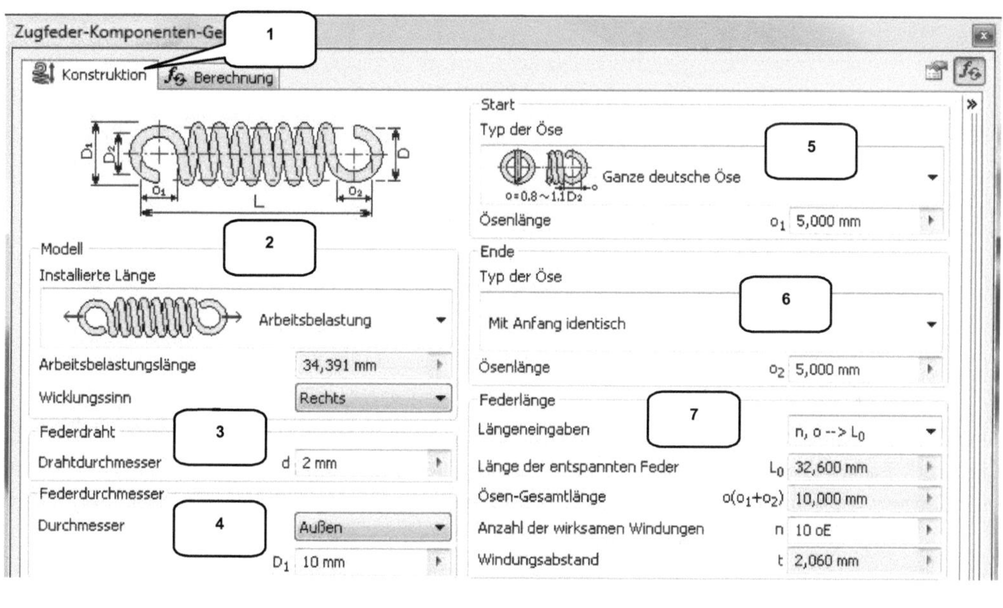

Im Register **Konstruktion** können Federform, Drahtdurchmesser, Typ der Öse und Federlänge definiert werden.

OPTIONEN

1) Register: Konstruktion/ Berechnung
2) Darzustellende Belastung
3) Durchmesser Federdraht
4) Durchmesser Feder

5) Typ der ersten Öse
6) Typ der zweiten Öse
7) Federlänge

6.2.3.2 Register BERECHNUNG

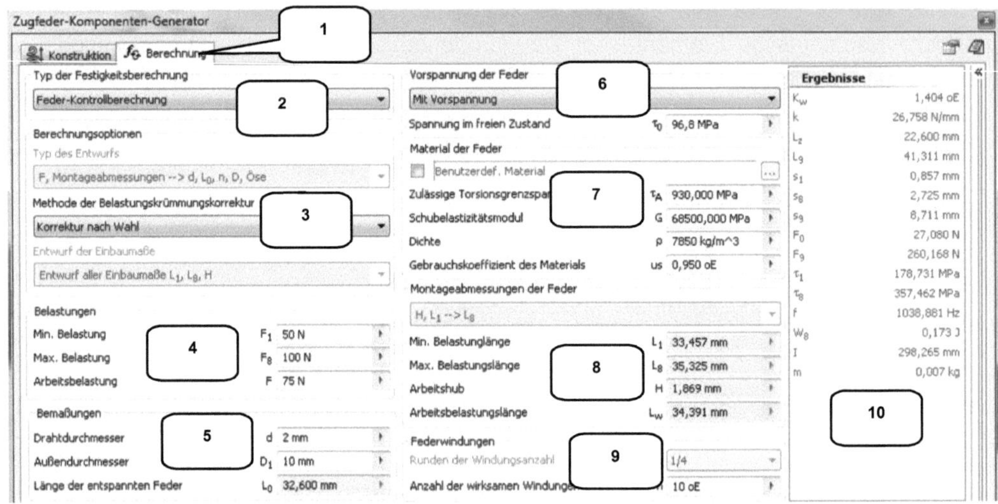

INHALT

Im Register **Berechnung** werden der Typ der Festigkeitsberechnung definiert (Zugfeder-
entwurf, Feder-Kontrollberechnung, Berechnung der Arbeitskräfte), sowie Belastungen, Bemaßungen, Vorspannungen, Material, Windungen und Abmessungen festgelegt.

OPTIONEN

1) Register: Konstruktion/ Berechnung
2) Typ der Festigkeitsberechnung
3) Berechnungsoptionen
4) Belastungen
5) Bemaßungen

6) Vorspannung der Feder
7) Federmaterial
8) Montageabmessungen der Feder
9) Federwindungen
10) Berechnungsergebnisse

6.2.4 Spannrolle des Zahnriemens mit einer Zugfeder beaufschlagen

Um den Riemenspanner des Zahnriemens mit einer kontinuierlichen Kraft beaufschlagen zu können, soll eine einfache Zugfeder konstruiert werden. Sie soll den Riemenspanner gegen den Zahnriemen drücken und damit einen konstant gespannten Riementrieb gewährleisten. Verwendet werden soll eine Spiralfeder mit beidseitig geschlossenen Ösen.

Übernehmen Sie die Vorgaben der Register **Konstruktion** (1) und **Berechnung** (2) aus den folgenden Abbildungen und starten Sie anschließend die Berechnung der Feder (3), um sie zu generieren. Nach ihrer Fertigstellung kann sie einmal frei im Zeichenbereich abgelegt werden, denn ihre Positionierung erfolgt manuell.

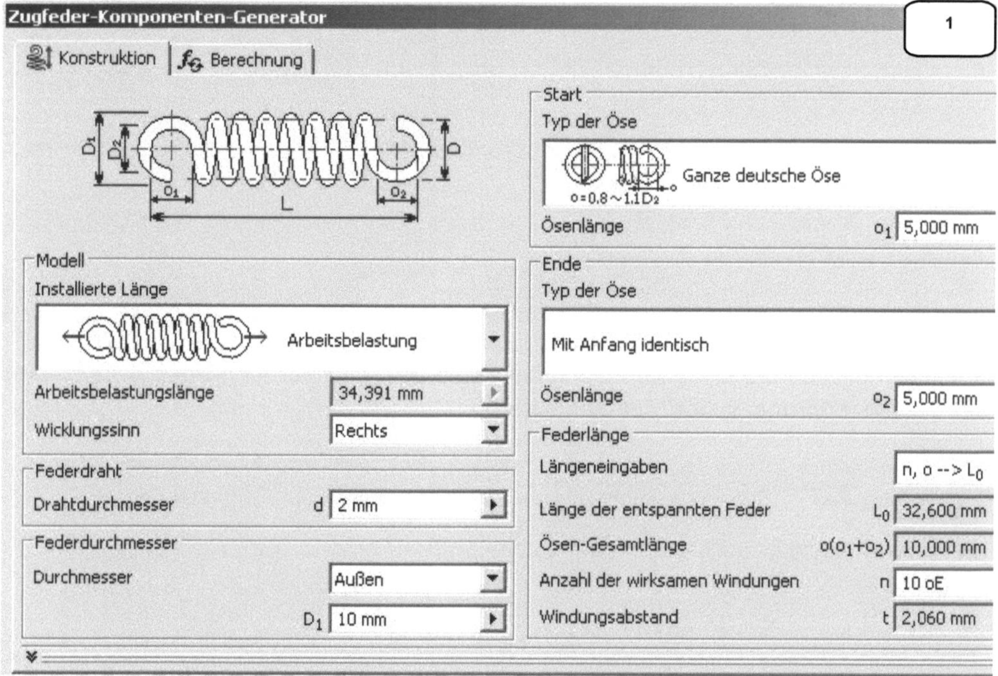

Zur Positionierung der Feder sind insgesamt drei Abhängigkeiten zu platzieren, welche mit dem Befehl ⬚ *Abhängig machen* im Register **Zusammenfügen** zu erstellen sind.

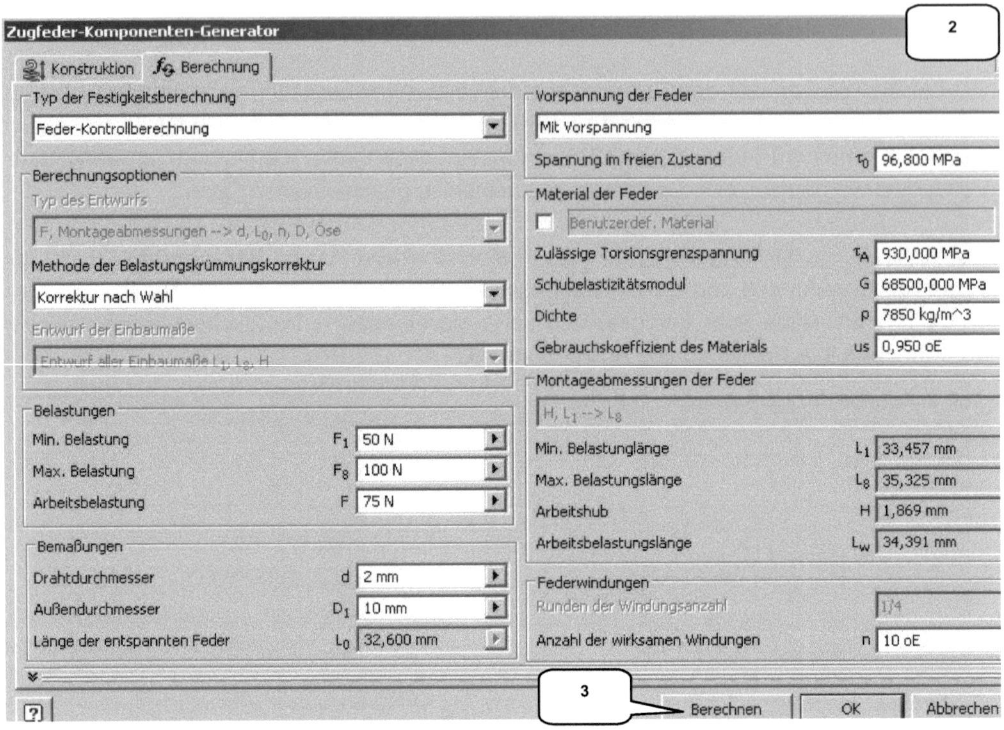

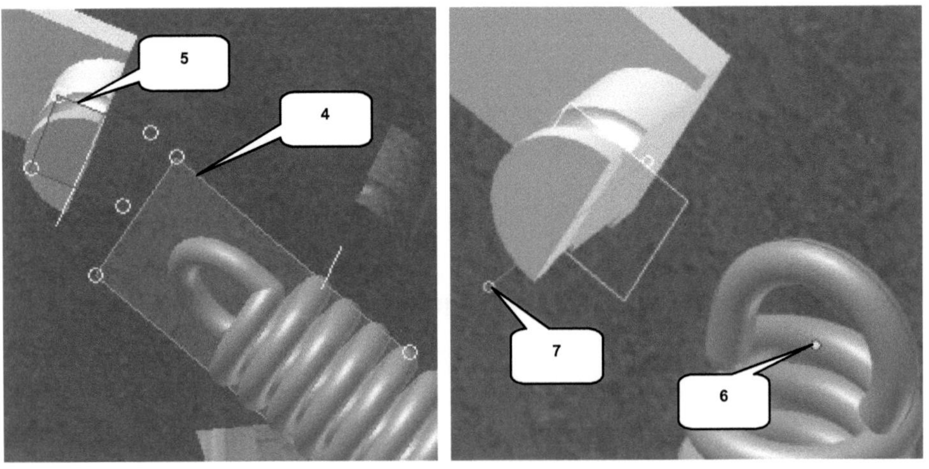

Verbinden Sie zuallererst die **XY-Ebene** der Zugfeder (4) mit der markierten **Arbeitsebene** des Bauteils **Führung-Spannrolle-Zahnriemen** (5).

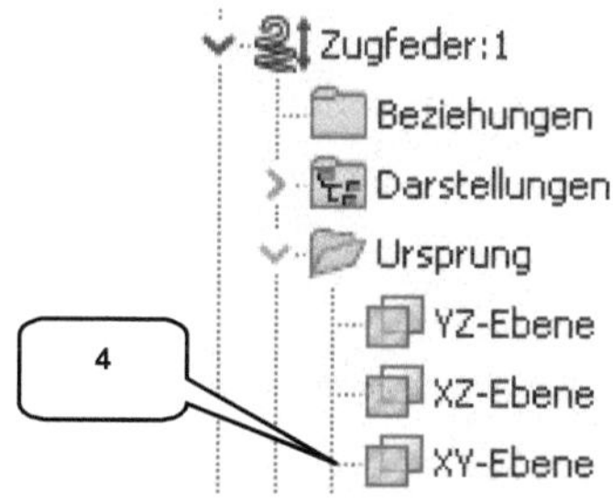

Danach sind die **Mittelpunkte** der Feder-ösen (6) und (8) mit den markierten **Achsen** (7) und (9) zu verbinden (Bild (10) zeigt die Feder in ihrer Zielposition).

Speichern Sie die gesamte Baugruppe im Anschluss daran und achten Sie auch diesmal wieder auf die Option **Ja für alle**.

6.3 Konstruktion einer Druckfeder
6.3.1 Erzeugen einer geschnitten dargestellten Ansicht

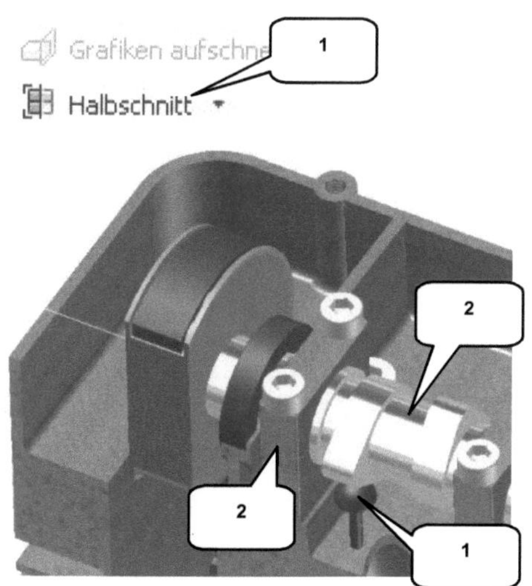

Auch zwischen den **Ventilen** (1) und dem **Zylinderkopf** (2) sollen zusätzliche Spiralfeder erzeugt werden. In diesem Fall sind es Druckfedern welche die Ventile konstant gegen die Nockenwelle pressen.

Zur besseren Ansicht ist die Baugruppe geschnitten darzustellen.

Wechseln Sie hierfür ins Register **Ansicht**, starten Sie den Befehl **Halbschnitt** (1) in der Befehlsgruppe **Darstellung** und wählen Sie die markierte Seitenfläche (2) des Nockenwellenhalters als Referenzfläche. Bestätigen Sie die Auswahl mit **OK** und kehren Sie ins Register **Konstruktion** zurück.

6.3.2 Befehlsgrundlagen DRUCKFEDER-GENERATOR

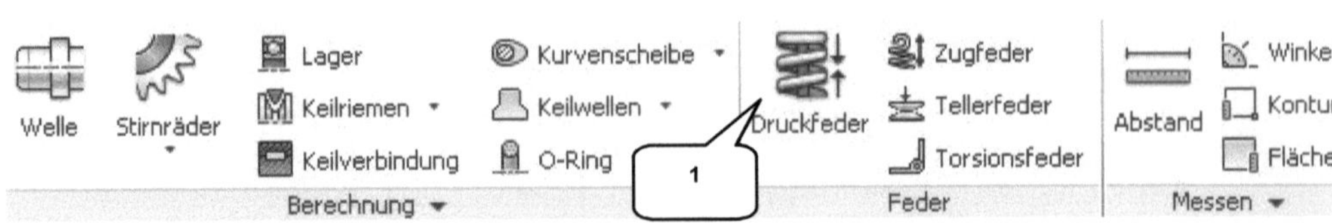

Sollen Druckfedern konstruiert und berechnet werden so kann der Befehl **Druckfeder-Generator** (1) verwendet werden. Im Gegensatz zum Zugfedern-Generator können Elemente aus dem Druckfeder-Generator bereits während ihrer Konstruktion aus dem Befehl heraus platziert und positioniert werden.

6.3.2.1 Register KONSTRUKTION

INHALT

Im Register **Konstruktion** kann die Druckfeder definiert und auf vorhandene geometrische Referenzen der Baugruppe bezogen werden. Weiterhin sind die physikalischen Eigenschaften, wie Federanfang, Federende, Federlänge und Federdurchmesser auszuwählen.

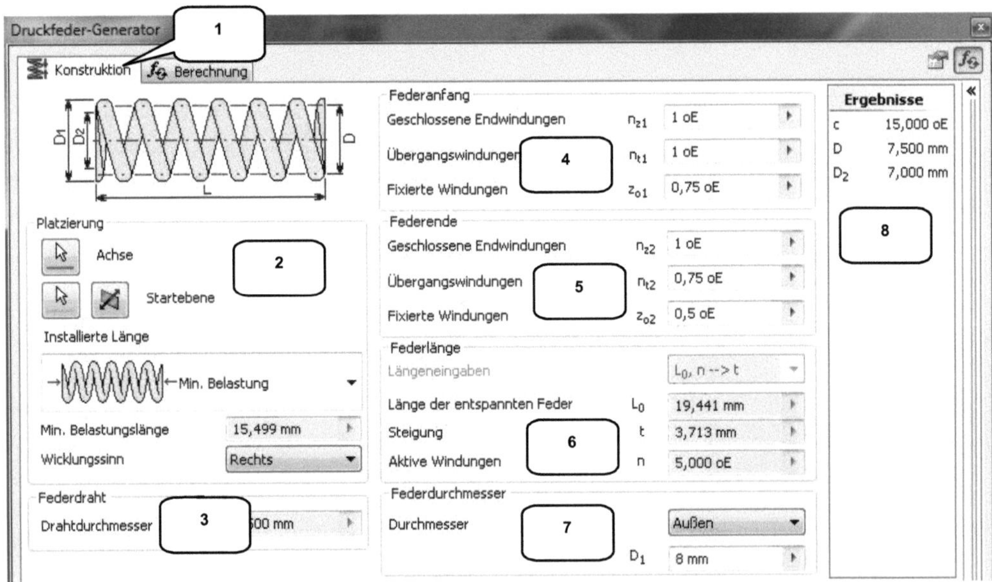

OPTIONEN

1) Register: Konstruktion/ Berechnung

2) Platzierung (Achse, Ebene), Federbelastung

3) Federdrahtdurchmesser

4) Federanfang

5) Federende

6) Federlänge

7) Federdurchmesser

8) Berechnungsergebnisse

6.3.2.2   Register BERECHNUNG

INHALT

Im Register **Berechnung** werden Berechnungstyp, Berechnungsoptionen, Federmaterial und Federbelastung definiert.

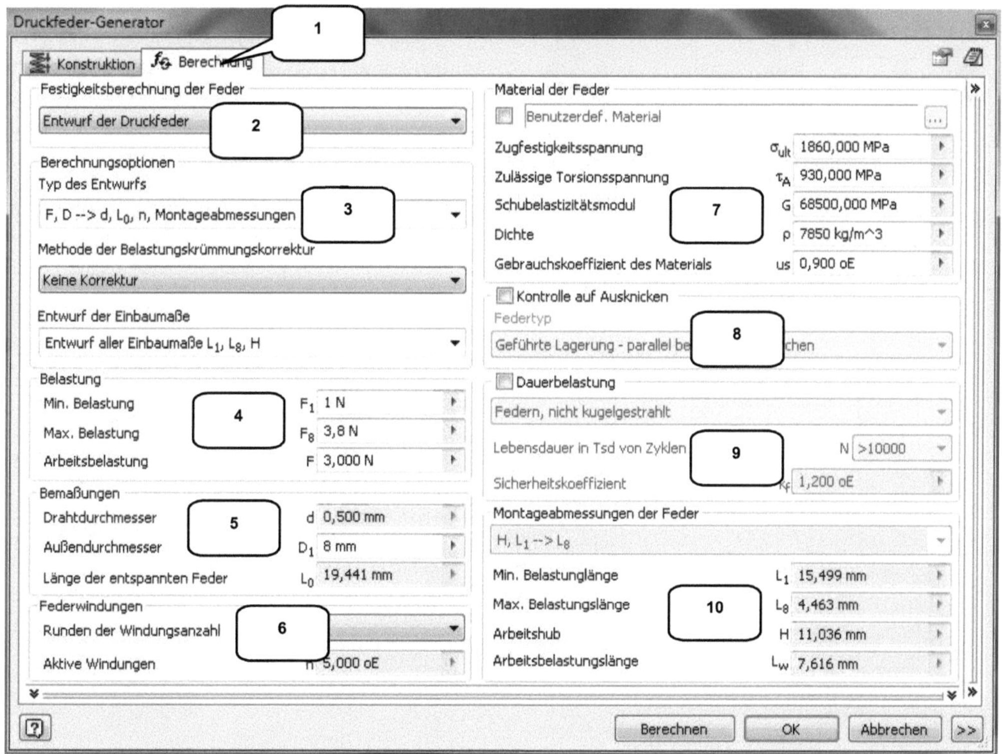

OPTIONEN

1) Register: Konstruktion/ Berechnung
2) Berechnungstyp
3) Berechnungsoptionen
4) Belastung
5) Bemaßungen

6) Windungen
7) Federmaterial
8) Kontrolle auf Ausknicken
9) Dauerbelastung
10) Montageabmessungen der Feder

6.3.3 Druckfeder zwischen Ventil und Zylinderkopf erzeugen

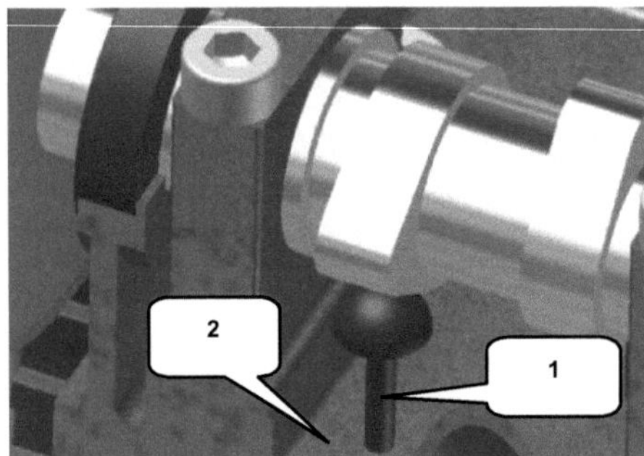

Im Register **Konstruktion** sollten zuerst die geometrischen Referenzen definiert werden:

Als **Achse** ist die Zylinderfläche des Ventils (1) zu wählen und als **Startebene** die Oberfläche des Zylinderkopfes (2). Alle Werte und Einstellungen der Register **Konstruktion** (3) und **Berechnung** (4) sind den folgenden Abbildungen zu entnehmen.

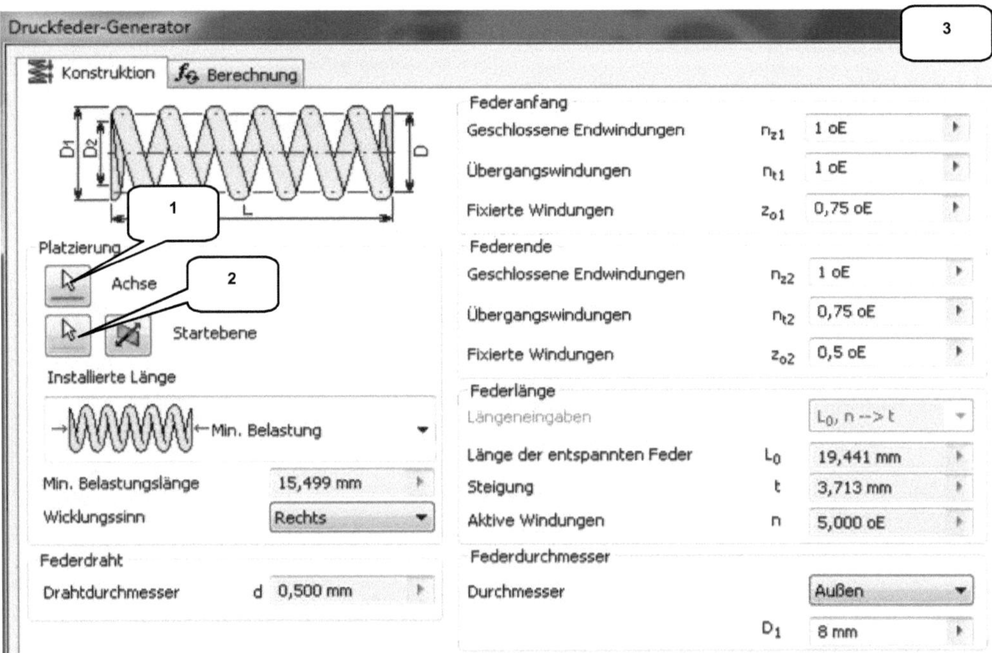

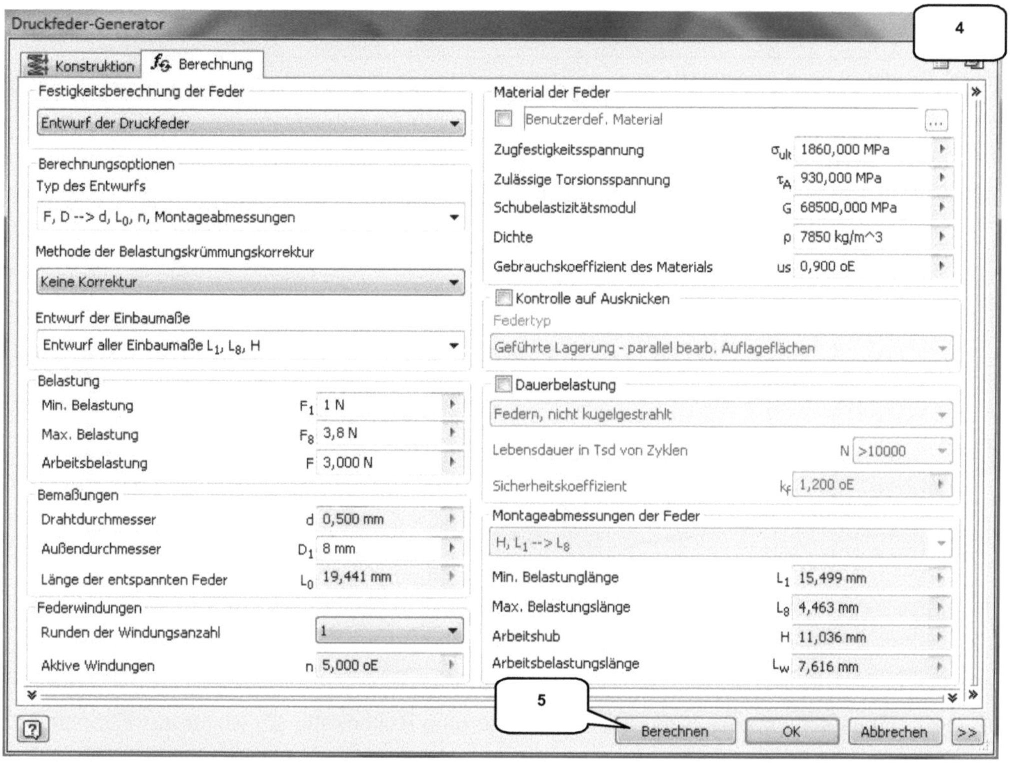

Druckfeder-Generator 〔4〕

Konstruktion $f_\oplus$ *Berechnung*

Festigkeitsberechnung der Feder

Entwurf der Druckfeder ▾

Berechnungsoptionen

Typ des Entwurfs

F, D --> d, L_0, n, Montageabmessungen ▾

Methode der Belastungskrümmungskorrektur

Keine Korrektur ▾

Entwurf der Einbaumaße

Entwurf aller Einbaumaße L_1, L_8, H ▾

Belastung

Min. Belastung	F_1	1 N	▸
Max. Belastung	F_8	3,8 N	▸
Arbeitsbelastung	F	3,000 N	▸

Bemaßungen

Drahtdurchmesser	d	0,500 mm	▸
Außendurchmesser	D_1	8 mm	▸
Länge der entspannten Feder	L_0	19,441 mm	▸

Federwindungen

Runden der Windungsanzahl	1	▾
Aktive Windungen	n	5,000 oE ▸

Material der Feder »

☐ Benutzerdef. Material [...]

Zugfestigkeitsspannung	σ_{ult}	1860,000 MPa	▸
Zulässige Torsionsspannung	τ_A	930,000 MPa	▸
Schubelastizitätsmodul	G	68500,000 MPa	▸
Dichte	ρ	7850 kg/m^3	▸
Gebrauchskoeffizient des Materials	us	0,900 oE	▸

☐ Kontrolle auf Ausknicken

Federtyp

Geführte Lagerung - parallel bearb. Auflageflächen ▾

☐ Dauerbelastung

Federn, nicht kugelgestrahlt ▾

Lebensdauer in Tsd von Zyklen	N	>10000 ▾
Sicherheitskoeffizient	k_f	1,200 oE ▸

Montageabmessungen der Feder

H, L_1 --> L_8 ▾

Min. Belastunglänge	L_1	15,499 mm	▸
Max. Belastungslänge	L_8	4,463 mm	▸
Arbeitshub	H	11,036 mm	▸
Arbeitsbelastungslänge	L_w	7,616 mm	▸

〔5〕 [Berechnen] [OK] [Abbrechen] [>>]

HINWEIS: Der Wert der ***minimalen Belastungslänge*** wird automatisch anhand der restlichen Eingaben berechnet und muss daher nicht vorgegeben werden.

Wurden alle Werte übertragen, kann mit der [Berechnen] **Berechnung** (5) gestartet werden.

Die Ergebnisse sind anschließend durch einen Klick auf [OK] **OK** zu übernehmen und auch die Schnittdarstellung der Baugruppe kann wieder beendet werden (Register ***Ansicht***, Befehl ⊞ Schnitt beenden ***Schnitt beenden***).

Speichern Sie die Baugruppe abschließend ([Ja für alle] ***Ja für alle***).

7 Getriebekonstruktion

7.1 Theoretische Grundlagen zum Getriebeaufbau

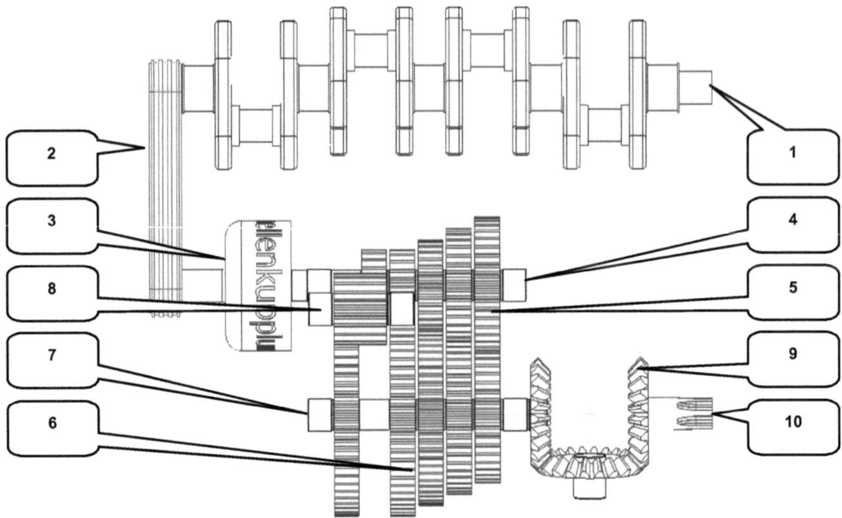

Der Kraftfluss soll von der Kurbelwelle (1) über eine Rollenkette (2) weiter zur Kupplung (3) geleitet werden, welche diesen dann auf die Antriebswelle (4) überträgt.

Im aktuellen Beispiel wird ein Ziehkeilgetriebe verwendet, bei dem alle Zahnradpaare ständig im Eingriff sind. Die Zahnräder (5) der Antriebswelle sind dabei fest mit dieser verbunden, die Zahnräder (6) der Abtriebswelle können sich grundlegend frei auf der Welle drehen. Um die Abtriebswelle (7) mit einem der Abtriebsräder zu verbinden zu können, wird sie mit einer konstruktiven Besonderheit versehen: Sie ist innen hohl und führt dort einen Keil, der Zahnrad und Welle miteinander verbinden kann. Er wird durch eine Rollenkette bewegt, welche axial durch die Welle verläuft.

Beim Rückwärtsgang wird der Kraftfluss zusätzlich über die Rücklaufachse (8) auf die Abtriebswelle übertragen, wobei sich die Drehrichtung ändert.

Von der Abtriebswelle verläuft der Kraftfluss weiter zum Kegelradgetriebe (9). Eine Keilwellenverbindung (10) gewährleistet den Übergang aus dem Getrieberaum heraus.

7.2 Lagerung der Wellen
7.2.1 Lagerhalterungen importieren

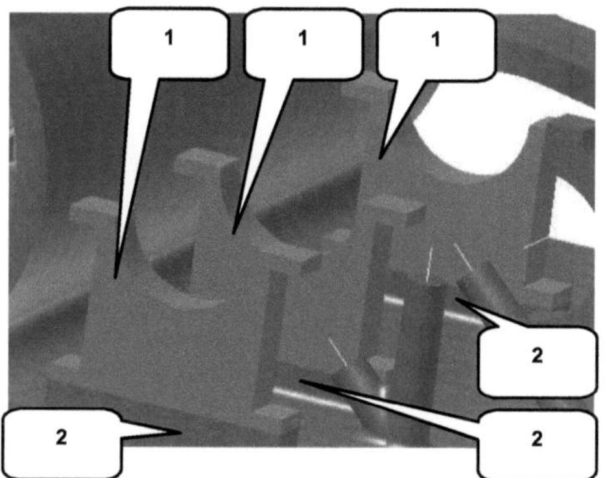

Platzieren Sie das Bauteil **Antriebswelle-Zwischenhalter.ipt** insgesamt drei Mal (1) in der Baugruppe (Komponente platzieren). Positionieren Sie die Zwischenhalter wie in der nebenstehenden Abbildung dargestellt passend au f den Sockeln (2) des Gehäuses (Befehl Abhängig machen). Achten Sie dabei darauf, dass die Kontaktflächen beider Bauteile bündig miteinander abschließen.

7.2.2 Befehlsgrundlagen LAGER-GENERATOR

Müssen Wälzlager berechnet und pl atziert werden, kann der Lager-Generator (1) verwendet werden. Wälzlager können hier dimensioniert und p ositioniert werden.

7.2.2.1 Register KONSTRUKTION

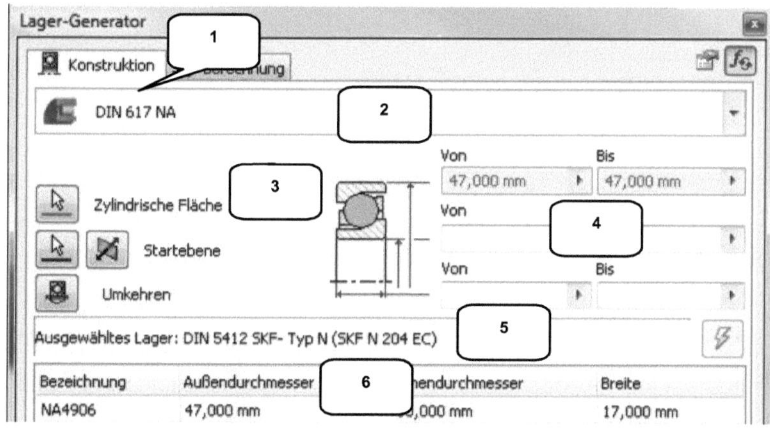

Im Register **Konstruktion** werden Typ, Größe und Position eines Lagers definiert.

1) Register: Konstruktion/ Berechnung	4) Abmessungen
2) Lagertyp	5) Lager regenerieren
3) Platzierung	6) Verfügbare Lagergrößen

7.2.2.2 Register BERECHNUNG

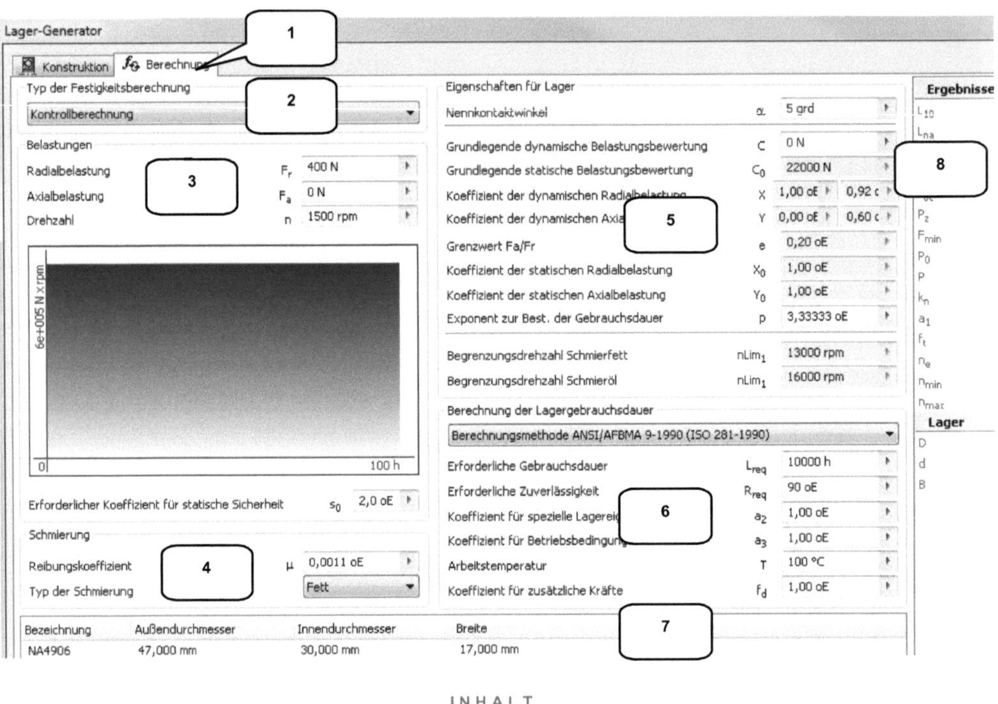

Im Register **Berechnung** sind alle Parameter wie der Typ der Festigkeitsberechnung, Belastungen, Schmierung und Lebensdauer festzulegen.

1) Register: Konstruktion/ Berechnung	5) Eigenschaften des Lagers
2) Typ der Festigkeitsberechnung	6) Gebrauchsdauer
3) Belastungen	7) Verfügbare Lagergrößen
4) Schmierung	8) Berechnungsergebnisse

7.2.3 Erzeugen eines Zylinderollenlagers

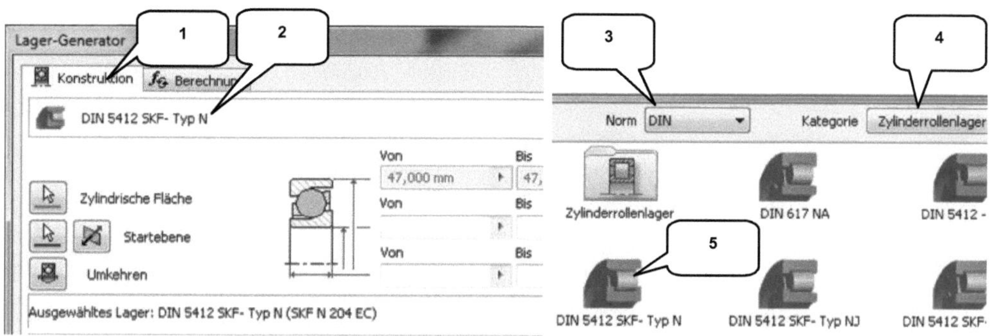

Erweitern Sie im Register **Konstruktion** (1) das Auswahlmenü des **Lagertyps** (2) und wählen Sie darin die Norm **DIN** (3). Aktivieren Sie danach die Kategorie **Zylinderrollenlager** (4) und wählen den Typ **DIN 5412 SKF – TYP N** (5).

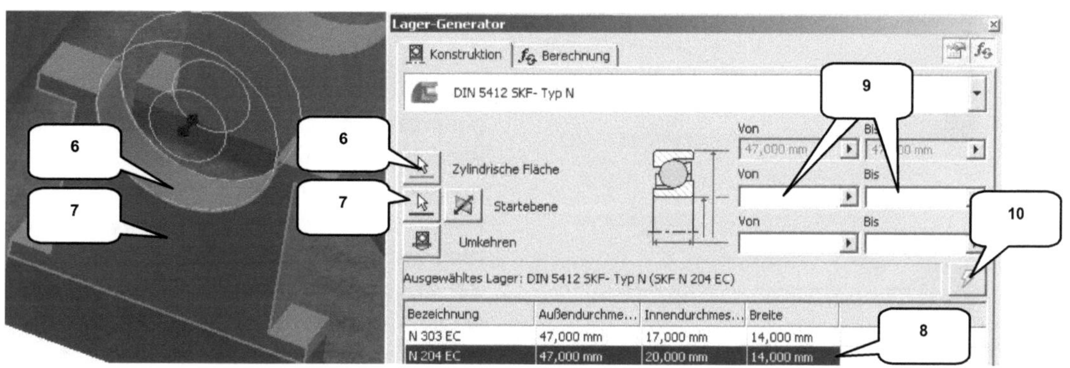

Als Referenz für die $\triangleright$ **zylindrische Fläche** (6) ist die markierte Zylinderfläche der Aussparung zu verwenden und als $\triangleright$ **Startebene** (7) die Stirnfläche des gleichen Führungselementes. In der Tabelle im unteren Bereich des Befehlsfensters ist das Lager der zweiten Zeile (8) mit den Werten: N 204 EC[7], $D_{Außen}$: 47 mm, D_{Innen}: 20 mm, Breite: 14 mm zu aktivieren. Der Befehl kann im Anschluss daran mit [OK] **OK** bestätigt werden.

Nach der Erstellung des ersten Zylinderrollenlagers sind fünf weitere, identische Lager zu erzeugen. Sie können auch als Kopien des ersten Lagers erstellt werden.

---

[7] Sollte das gesuchte Lager **N 204 EC** nicht in der Tabelle verfügbar sein, muss noch einmal konrtolliert werden, ob eventuell abweichende Randbedingungen für die Durchmesser ($D_{Außen}$, D_{Innen}) definiert wurden (9). Wenn ja, sind die Zellen zu bereinigen und die Tabelle muss **aktualisiert** werden (10).

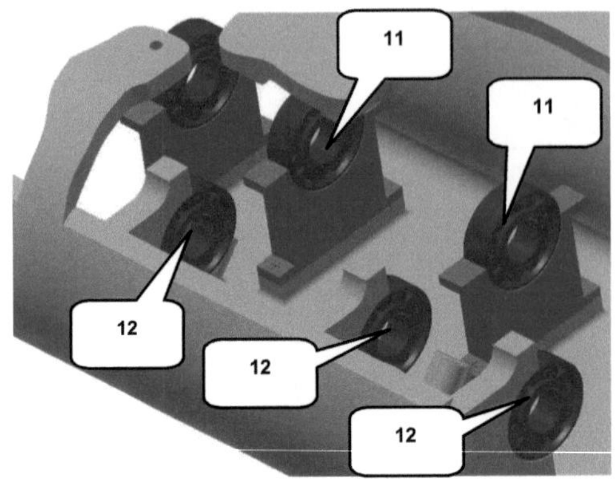

Klicken Sie mit der *rechten Maustaste* im Zeichenbereich auf das bereits vorhandene Lager und wählen Sie im Kontextmenü die Option *Kopieren*. Per *rechter Maustaste* und der Option *Einfügen* sind insgesamt 5 Kopien zu erstellen und frei abzulegen.

Verwenden Sie den Befehl **Abhängig machen** um die Lager zu platzieren: Zwei Lager sind an de n beiden Zwischenhalter (11) zu befestigen und drei Lager am Motorgehäuse (12).

7.2.4 Browser strukturieren

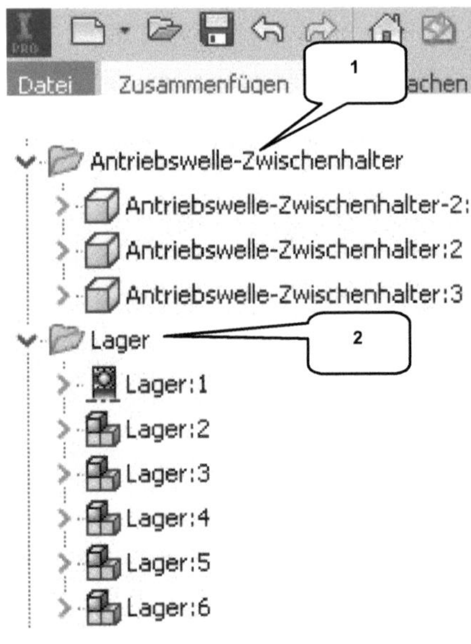

Zur besseren Übersicht sollen einige Komponenten in Ordnern zusammengefasst werden. Markieren Sie im Browser zuerst die drei Zwischenhalter der Antriebswelle, klicken Sie mit der *rechten Maustaste* darauf, wählen Sie im Kontextmenü die Option *Zu neuem Ordner hinzufügen* und verwenden Sie die Bezeichnung *Antriebswelle-Zwischenhalter* (1).

Wiederholen Sie diesen Schritt bei den sechs Zylinderrollenlagern und verwenden Sie die Ordner-Bezeichnung *Lager* (2).

Markieren Sie die Zylinderrollenlager anschließend und weisen Sie ihnen eine Farbe zu (z. B. *Blau-Wandfarbe-glänzend* (3)).

7.2.5 Importieren der oberen Lagerhalterungen

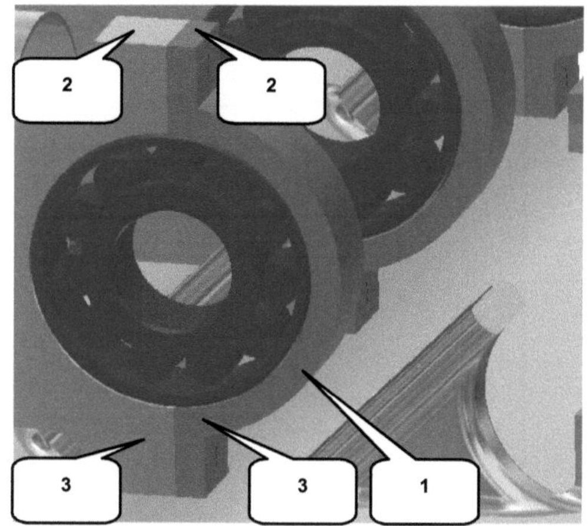

Platzieren Sie das Bauteil ***Antriebs-Abtriebswelle-Halter.ipt*** (1) aus dem Projektordner und legen Sie es (einmal) frei in der Baugruppe ab. Setzen Sie zwei fluchtende **Abhängigkeiten** (2, 3), um das neue Bauteil mit dem Motorgehäuse an der nebenstehend dargestellten Position zu befestigen und das Zylinderrollenlager damit zu fixieren.

Fügen Sie fünf weitere Halter in die Baugruppe ein, um auch die restlichen Zylinderrollenlager befestigen zu können.

7.2.6 Browser strukturieren

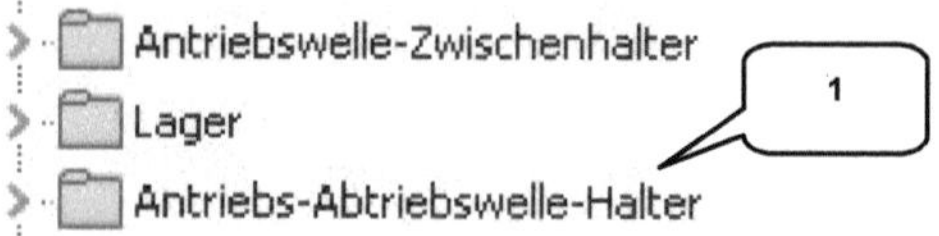

Markieren Sie im Browser die sechs zuletzt eingefügten Halter und erzeugen Sie daraus den Ordner ***Antriebs-Abtriebswelle-Halter*** (1).

7.3 Befestigung der Lagerhalterungen

Die Lagerhalterungen sind durch Schraubenverbindungen am Motorgehäuse bzw. am Zwischenhalter der Antriebswelle zu befestigen, wobei die dafür benötigten Bohrungen noch erzeugt werden müssen. Eine komfortable Lösung bietet hier der ***Schraubenverbindungs-Generator***. Er ermöglicht es, in einem Arbeitsschritt Verbindungssysteme (bestehend aus Schrauben, Scheiben und Muttern) zu generieren und zeitgleich die dafür benötigten Bohrungen in die Bauteile einzubringen.

7.3.1 Befehlsgrundlagen SCHRAUBENVERBINDUNGS-GENERATOR

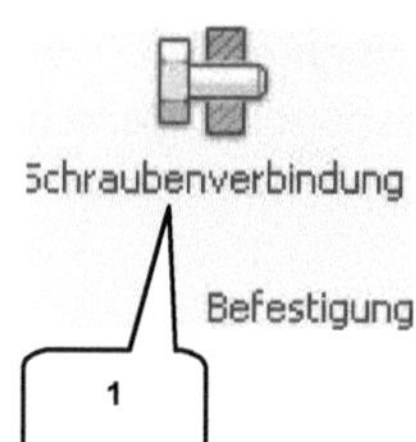

Mit dem **Schraubenverbindungs-Generator** (1) können Schraubenverbindungen, bestehend aus Schrauben, Scheiben und Muttern, erzeugt sowie Festigkeits-, Belastungs- und Ermüdungsberechnungen durchgeführt werden. Die benötigten Bohrungen bzw. Gewindebohrungen werden dabei automatisch berechnet und in die Bauteile eingefügt.

7.3.1.1   Register KONSTRUKTION

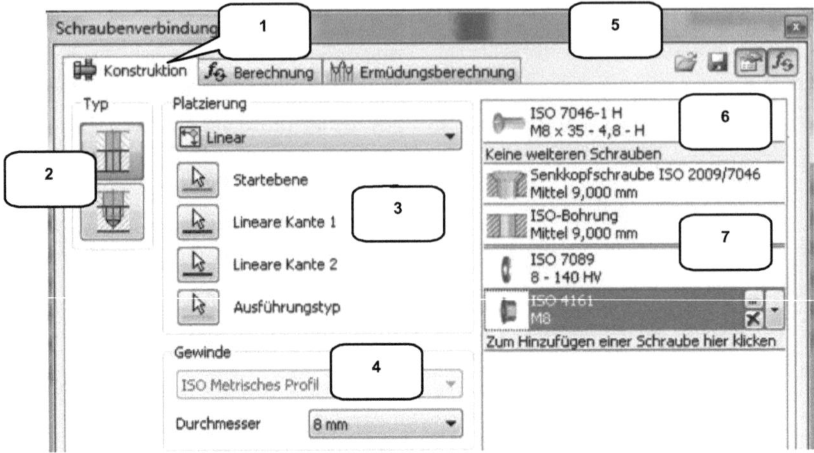

INHALT

Das Register **_Konstruktion_** dient zur Positionierung der Schraubenverbindung, zur Definition von Bohrungs- und Gewindetyp sowie zur Auswahl der zu montierenden Normteile.

OPTIONEN

1) Register: Konstruktion/ Berechnung/ Ermüdungsberechnung
2) Bohrungen durchgängig oder begrenzt erzeugen
3) Platzierungstyp (Linear, Konzentrisch, Auf Punkt, Nach Bohrung)
4) Gewindetyp
5) Einstellungen importieren/ exportieren, Berechnung, Dateibenennung
6) Komponenten einfügen
7) Vorschau in chronologischer Reihenfolge

7.3.1.2   Register BERECHNUNG

INHALT

Im Register **_Berechnung_**[8] kann die Schraubenverbindung auf ihre Belastbarkeit hin überprüft werden. Dabei stehen die folgenden grundsätzlichen Optionen zur Verfügung: Berechnung eines benötigten Schraubendurchmessers, Berechnung der benötigten Schraubenan-

---

[8] Um das Register **_Berechnung_** öffnen zu können, muss im Register **_Konstruktion_** die Option *f⊖ **Berechnung*** aktiviert worden sein.

zahl, Berechnung des notwendigen Schraubenmaterials oder eine Kontrollberechnung anhand einer Festigkeitsprüfung. Alle zur Berechnung benötigten Parameter (Kräfte, Momente, Materialien etc.) sind vor der Berechnung anzugeben.

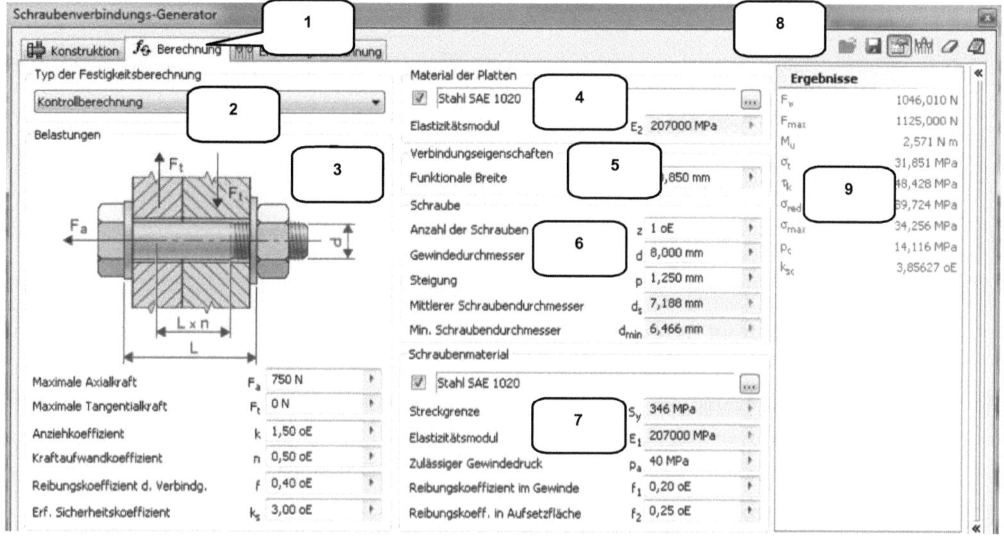

OPTIONEN

1) Register: Konstruktion/ Berechnung/ Ermüdungsberechnung
2) Typ der Festigkeitsberechnung
3) Belastungen
4) Plattenmaterial
5) Verbindungseigenschaften

6) Schraubeneigenschaften
7) Schraubenmaterial
8) Ermüdungsberechnung, Berechnung, Ergebnisdarstellung als *.html
9) Ergebnisdarstellung

7.3.1.3   Register ERMÜDUNGSBERECHNUNG

INHALT

Im Register *Ermüdungsprüfung*[9] können thermo-dynamische Belastungen berechnet werden, wobei die Kräfte schwankend, wiederkehrend, symmetrisch oder asymmetrisch zu beaufschlagen sind.

---

[9] Um das Register *Ermüdungsberechnung* öffnen zu können, muss im Register *Konstruktion* die Option *Ermüdungsberechnung* aktiviert worden sein.

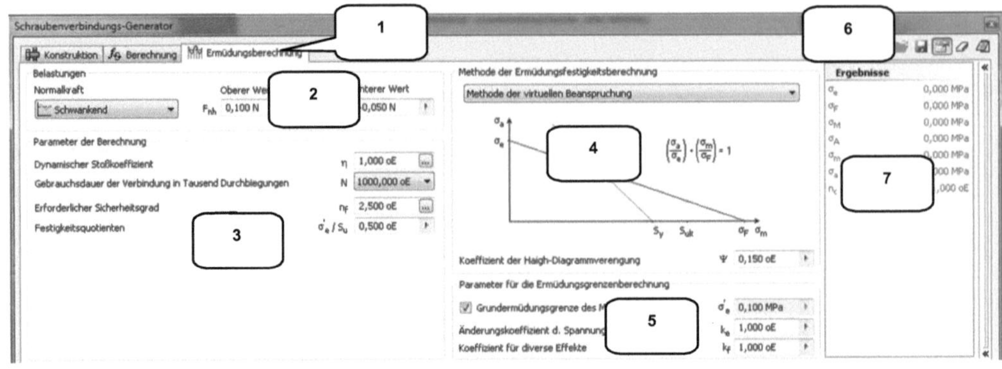

OPTIONEN

1) Register: Konstruktion/ Berechnung/ Ermüdungsberechnung

2) Belastungsart (schwankend, wieder-kehrend, asymmetrisch, symmetrisch umgekehrt)

3) Berechnungsparameter

4) Ermüdungsfestigkeitsberechnung

5) Parameter für die Ermüdungsgrenzen

6) Berechnungsvorlagen exportieren, Dateibenennung aktivieren/ deaktivieren, Berechnungsdaten zurücksetzen oder Ergebnisse als *.html darstellen

7) Ergebnisdarstellung

7.3.2 Lagerhalterungen der Antriebswelle miteinander verbinden

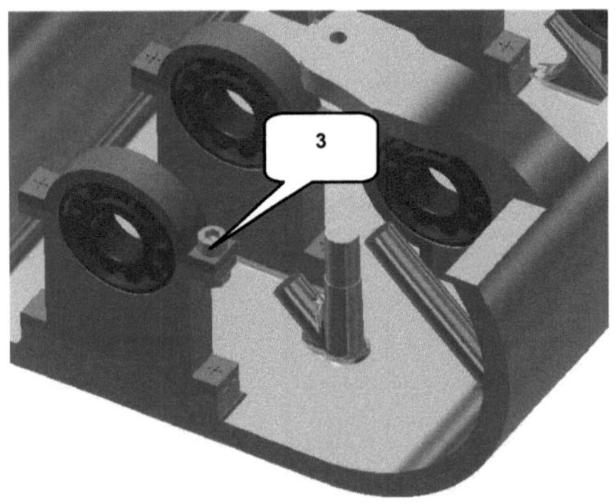

In der folgenden Übung sollen Schrauben-verbindungen, bestehend aus Schrauben und Muttern in die Baugruppe eingefügt werden, wobei die benötigten Durchgangs-bohrungen in den en tsprechenden Bautei-len vom Programm automatisch zu erzeu-gen sind.

Verwenden Sie dabei den V erbindungstyp **Durch alle** (1) und als Typ der Platzie-rung die Option Linear **Linear** (2).

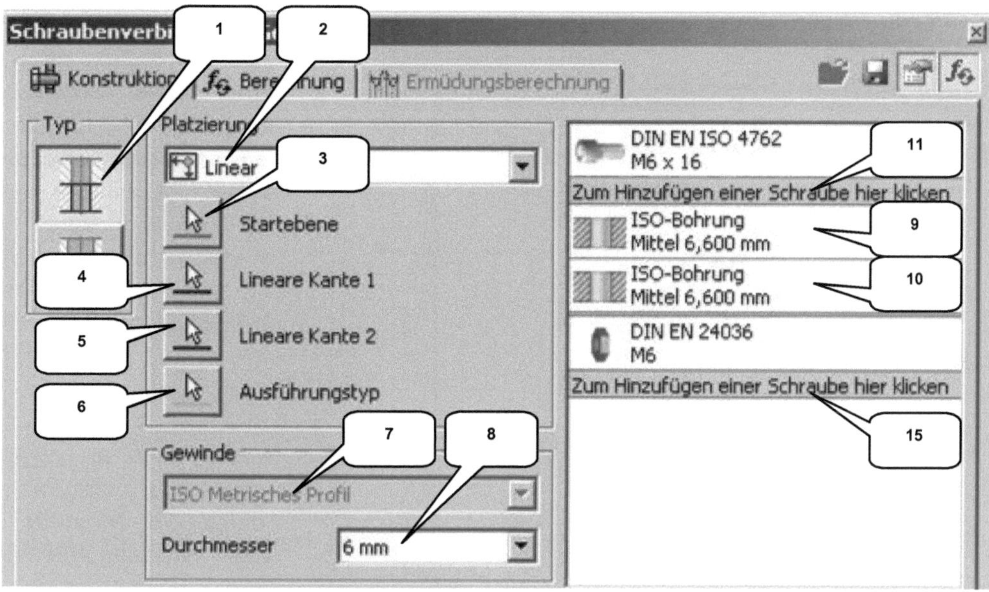

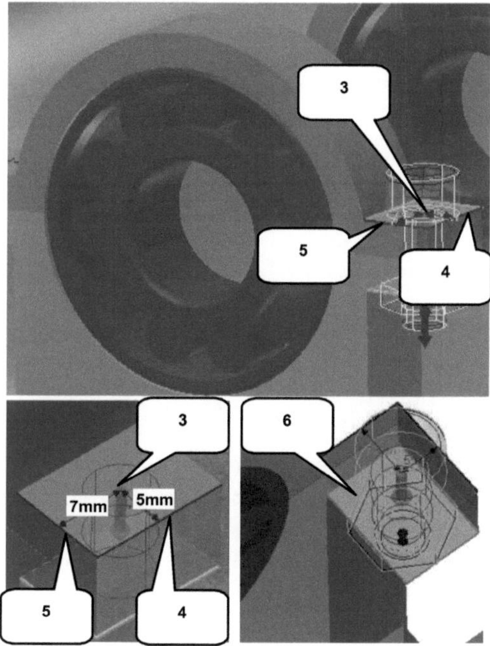

Als ⮕ **Startebene** (3) (Auflagefläche des Schraubenkopfes) dient die markierte Fläche des oberen Halters. Als Referenzen für die ⮕ **linearen Kanten** (4, 5) sind die jeweils markierten Kanten zu verwenden, wobei die Abstände **5 mm** und **7 mm** einzutragen sind. Als ⮕ **Ausführungstyp** (6) ist die markierte Fläche des unteren Halters zu wählen: sie dient als Auflagefläche für die Mutter.

Im Auswahlfeld **Gewinde** (7) sollte ein **ISO Metrisches Profil** mit dem Durchmesser **6 mm** (8) ausgewählt werden. Im rechten Bereich des Befehlsfensters werden die beiden Durchgangsbohrungen bereits angezeigt: eine Bohrung für den oberen Halter (9) und eine Bohrung für den unteren Halter (10).

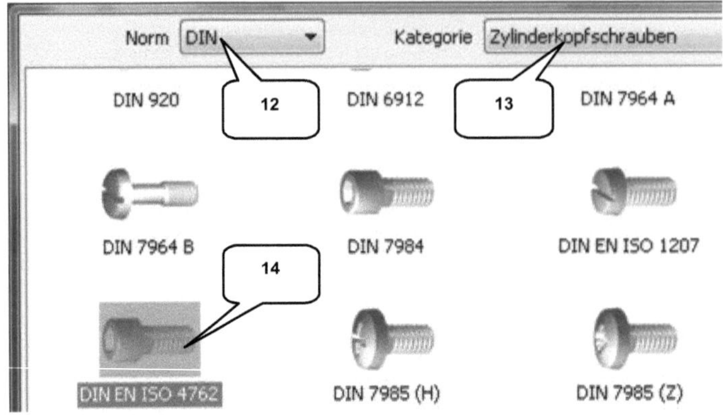

Per Klick auf die <u>obere</u> Schaltfläche *Zum Hinzufügen einer Schraube hier klicken* (11) öffnet sich ein neues Eingabefenster (eventuell erst beim zweiten Versuch). Darin sind die Norm *DIN* (12), die Kategorie *Zylinderkopfschrauben* (13) und der Typ *DIN EN ISO 4762* (14) auszuwählen.

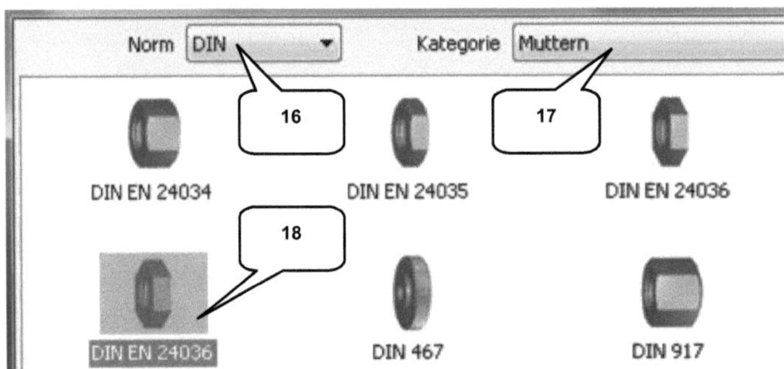

Danach muss die <u>untere</u> Schaltfläche ausgewählt werden (*Zum Hinzufügen einer Schraube hier klicken* (15)). Verwenden Sie die Norm *DIN* (16), die Kategorie *Muttern* (17) und wählen Sie den Typ *DIN EN 24036* (18).

Die nun komplett zusammengestellte Konstellation der Schraubenverbindung soll exportiert werden, um sie auch für die restlichen Bohrungen verfügbar zu machen: sie wird damit als reproduzierbare XML-Datei gespeichert.

Starten Sie die Option 🖫 *Vorlage exportieren* (19). Im neu geöffneten Eingabefenster wählen Sie den S peicherort Ihres Projekts, tragen als Dateinamen die Bezeichnung *Schraubenverbindung-M6* ein (Dateityp *Vorlagen (*.xml)*) und ⬚ Speichern ⬚ *speichern* danach. Wird der Schraubenverbindungs-Generator abschließend mit ⬚ OK ⬚ *OK* bestätigt, sollte das Programm die Schraubenverbindung erzeugen.

Mithilfe der gespeicherten Vorlage können weitere Schraubenverbindungen jetzt wesentlich komfortabler generiert werden.

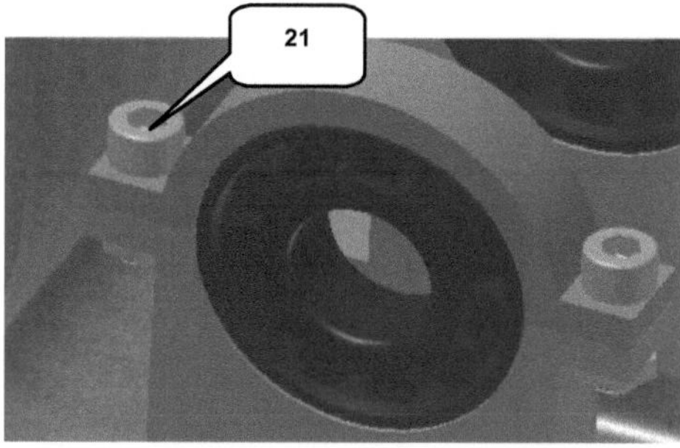

Starten Sie erneut den ⊞ **Schraubenver-bindungs-Generator** und klicken Sie auf den Button 🖿 *Vorlage importieren* (20). Wählen Sie als Vorlage die *Schrauben-verbindung-M6.xml*, um die zuletzt erstel-le Konstellation erneut zu verwenden.

Das Programm wird die Normteile aus der Vorlage verwenden, lediglich die Bohrun-gen sind noch zu positionieren. Verwenden Sie in den Bereichen *Typ* und *Platzierung* dieselben Einstellungen wie in der vorher-gehenden Schraubenverbindung und plat-zieren Sie sie auf markierter Position (21).

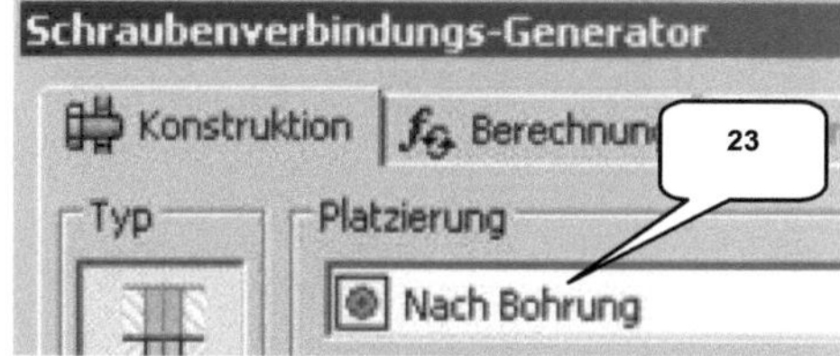

Starten Sie den ⊞ **Schraubenverbin-dungs-Generator** noch einmal und öffnen Sie die Vorlage *Schraubverbindung-M6.xml* (20). Erzeugen Sie vier weitere Schraubenverbindungen[10], wie in der ne-benstehenden Abbildung dargestellt (22). Aktivieren Sie den Platzierungstyp ⚙ *Nach Bohrung* (23) und wählen Sie als ⌖ *Refe-renz* für die vorhandene *Bohrung* die be-reits in den Bauteilen vorhandenen Boh-rungslöcher.

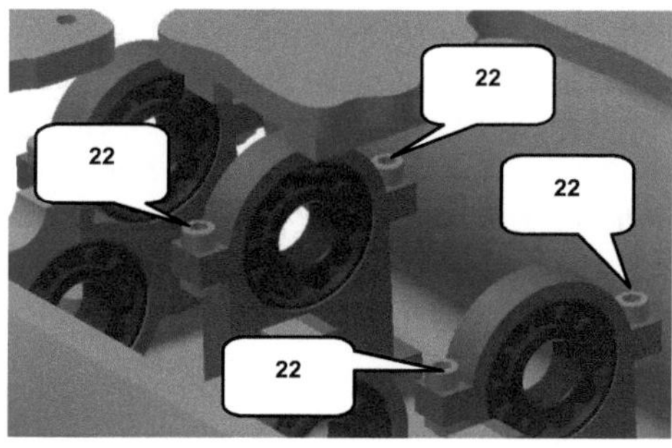

Wurden alle Schraubenverbindungen er-stellt, sollte die Baugruppe *gespeichert* werden.

---

[10] Alle Bauteile *Antriebswelle-Zwischenhalter.ipt* und *Antriebs-Abtriebswelle-Halter.ipt* wurden durch den letzten Befehl automatisch mit Bohrungen versehen (aufgrund der identischen Quelldatei). Die Vorlage *Schraubverbindung-M6.xml* kann trotzdem verwendet werden, nur der Platzierungstyp ist auf ⚙ *Nach Bohrung* (23) zu ändern. Als ⌖ *Vorhandene Bohrung* ist die bereits erstellte Bohrung zu wählen. Die Auswahl der Referenzkanten entfällt damit.

7.3.3 Lagerhalterungen der Wellen am Motorgehäuse befestigen

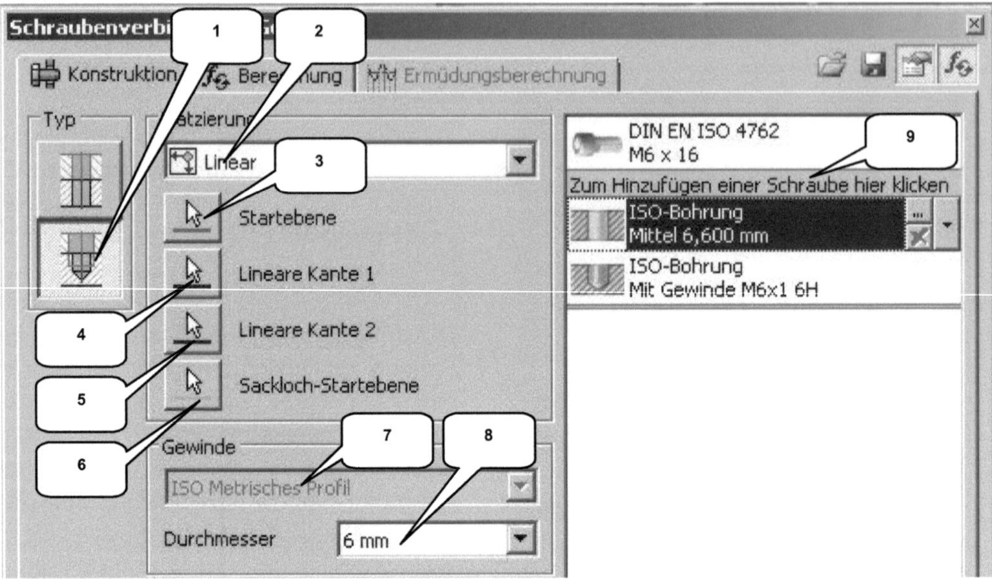

Auch die drei Zwischenhalter sind durch Schrauben mit dem Motorgehäuse zu verbinden. Starten Sie den **Schraubenverbindungs-Generator**, verwenden Sie die Option **Nicht durchgehend** (1), den Platzierungstyp **Linear** (2), die **Startebene** (3), die beiden **linearen Kanten** (4, 5) mit den Abständen **5 mm** und **7 mm** und die **Sackloch-Startebene**[11] (6). Als Gewindetyp ist das **ISO Metrische Profil** (7) mit einem Nenndurchmesser von **6 mm** (8) zu verwenden. Klicken Sie danach auf die Schaltfläche **Zum Hinzufügen einer Schraube hier klicken** (9).

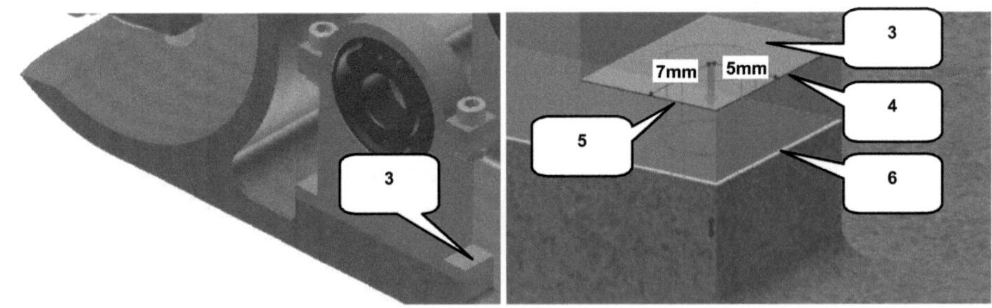

---

[11] Als **Sackloch-Startebene** (6) ist die markierte Fläche am Motorgehäuse zu wählen, auf welcher der Zwischenhalter montiert wurde.

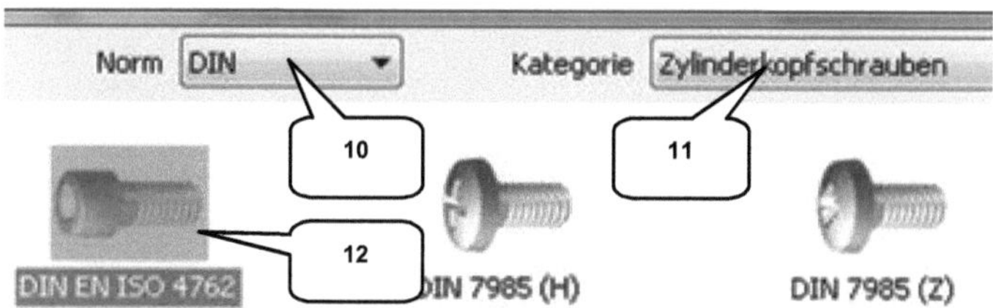

Im Auswahlfenster wählen Sie die Norm **DIN** (10), die Kategorie **Zylinderkopfschrauben** (11) und den Typ **DIN EN ISO 4762** (12).

Bestätigen Sie die Eingaben (Anwenden **Anwenden**) und wiederholen Sie die letzten Arbeitsschritte bis alle in den folgenden Abbildungen markierten Schraubenverbindungen vollständig erzeugt wurden (insgesamt 12 Schraubenverbindungen).

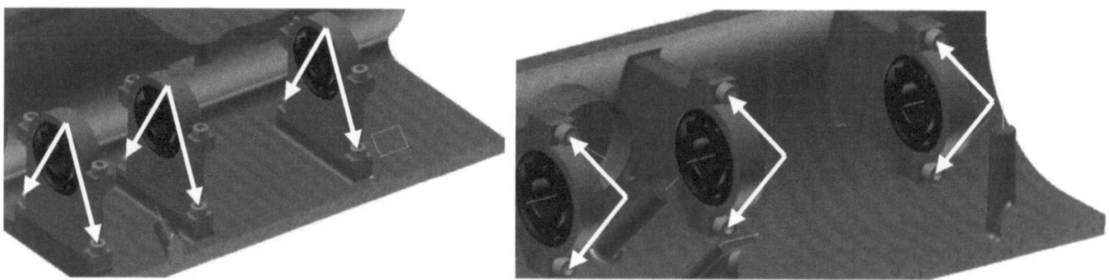

Zur besseren Übersicht sollten alle Schraubenverbindungen im Browser in einem Ordner zusammengefasst werden (alle Schraubenverbindungen im Browser markieren, **rechte Maustaste** darauf > **Zu neuem Ordner hinzufügen**) und die Baugruppe ist danach zu **speichern** (**Ja für alle**).

7.4 Konstruktion der Getriebewellen
7.4.1 Platzieren der Lamellenkupplung

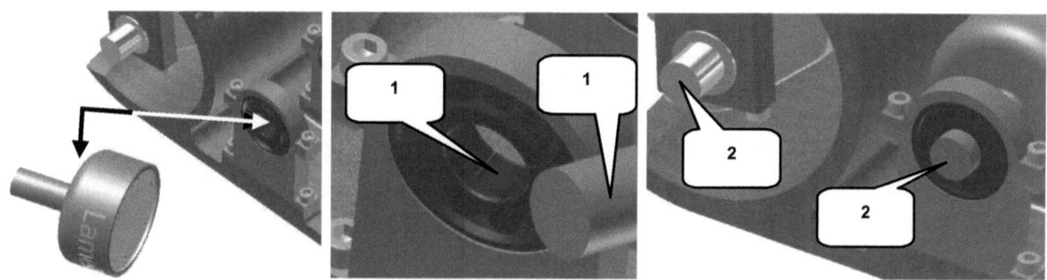

Importieren Sie das Bauteil **Kupplung.ipt** aus dem Projektordner in die Baugruppe und positionieren Sie es wie in den oberen Abbildungen dargestellt. Setzen Sie eine axiale Abhängigkeit zwischen den Längsachsen des markierten Lagers und der Kupplung (1) und eine fluchtende Abhängigkeit zwischen den Stirnflächen von Kupplung und Kurbelwelle (2).

7.4.2 Befehlsgrundlagen WELLEN-GENERATOR

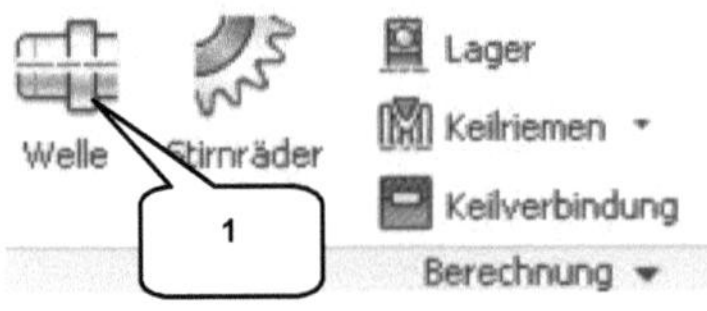

Mit dem ⊞ **Wellen-Generator** (1) können Achsen und Wellen berechnet und konstruiert werden. Sie können grundlegend als Vollwelle/ -achse oder Hohlwelle/ -achse konstruiert werden.

7.4.2.1 Register KONSTRUKTION

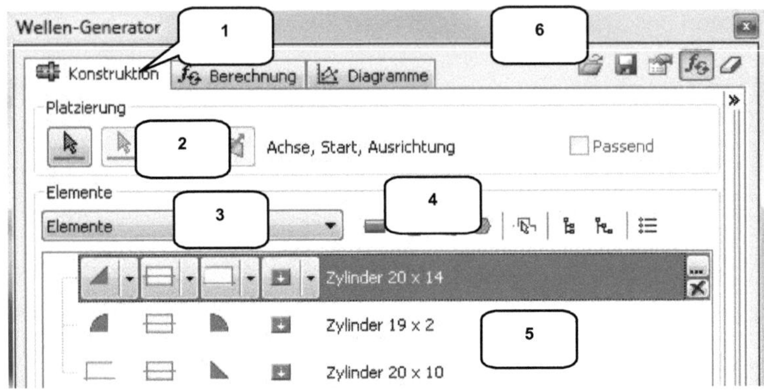

INHALT

Das Register **Konstruktion** ermöglicht die Platzierung der Welle/ Achse an anderen Bauteilen der Baugruppe sowie ihre Dimensionierung. Sie können zylinderförmig, kegelig, oder polygonal aufgebaut sein, aus Vollmaterial oder Hohlwelle/- achse konstruiert werden und mit Fasen, Rundungen, Rillen, Gewinden, Nuten, Bohrungen oder Kerben versehen werden. Weiterhin können Kräfte und Auflager definiert und berechnet werden.

OPTIONEN

1) Register: Konstruktion/ Berechnung/ Diagramme
2) Platzierung
3) Neue Wellenabschnitte erzeugen/ vorhandene bearbeiten

4) Wellentyp
5) Wellenabschnitte auflisten
6) Berechnungen, Dateibenennung, Zurücksetzen der Berechnungswerte

7.4.2.2 Register BERECHNUNG

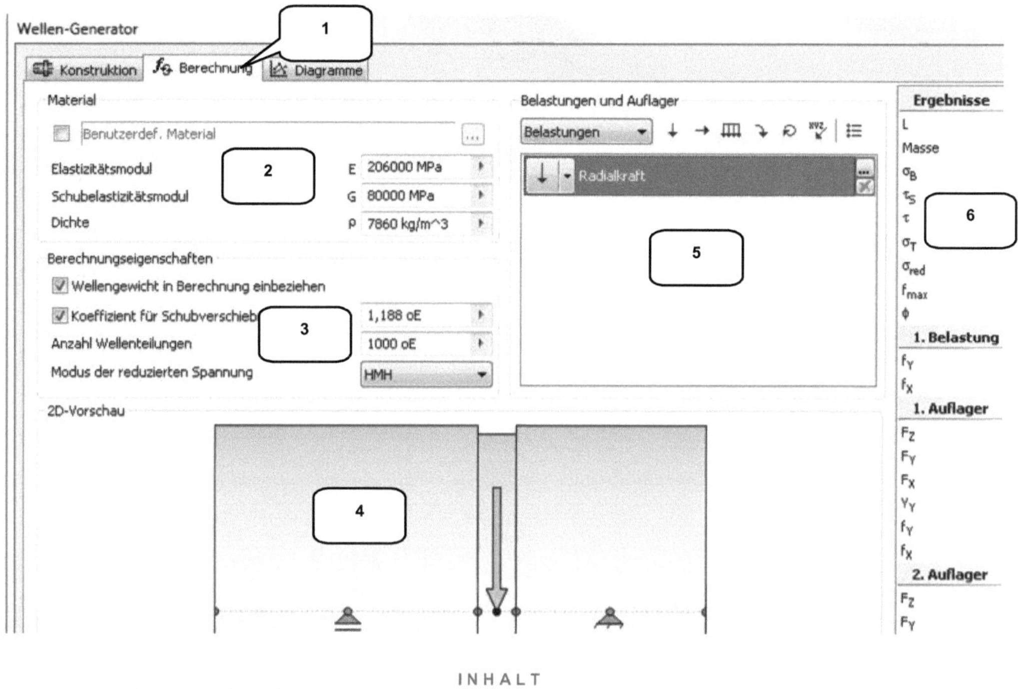

INHALT

Im Register **Berechnung** werden der Welle/ Achse alle physikalischen Materialeigenschaften zugewiesen, Berechnungseigenschaften hinterlegt, Auflager (Fest-/ Loslager) definiert und Belastungsarten festgelegt. Diese können in Form von radialen oder axialen Kräften, als Streckenlasten bzw. Biege- und Drehmomenten beaufschlagt werden.

OPTIONEN

1) Register: Konstruktion/ Berechnung/ Diagramme
2) Material
3) Berechnungseigenschaften

4) Belastungsanalyse (2D-Vorschau)
5) Belastungen und Auflager
6) Berechnungsergebnisse

7.4.2.3 Register DIAGRAMME

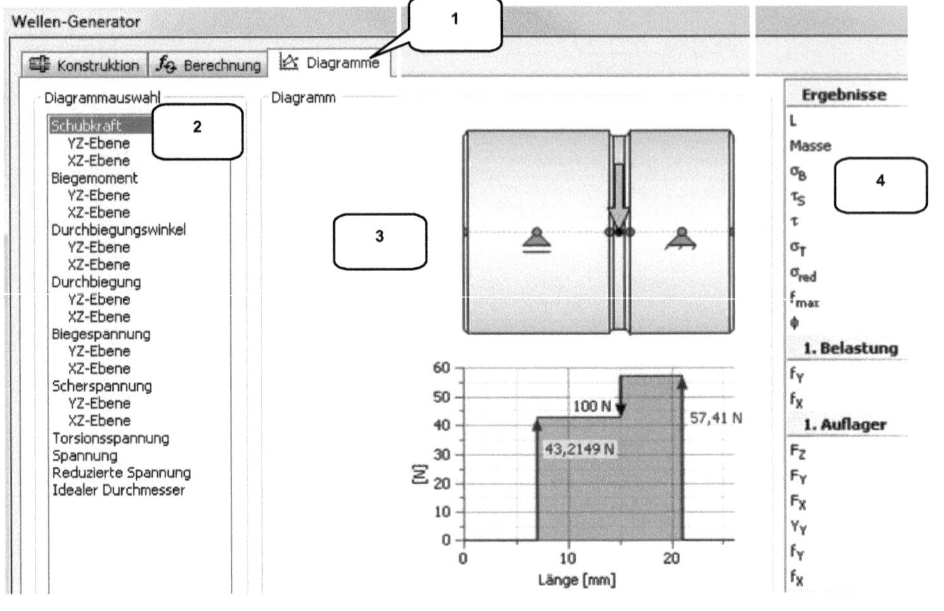

INHALT

Das Register **Diagramme** listet alle Berechnungsergebnisse wie z. B. die Schubkraft, das Biegemoment, die Durchbiegung, den Durchbiegewinkel, die Biegespannung, die Scherspannung, die Torsionsspannung, die reduzierte Spannung und die Berechnung des idealen Durchmessers auf. Klickt man auf eines der Ergebnisse in der linken Spalte (2), so erscheint in der Mitte die grafische Ergebnisdarstellung und auf der rechten Seite das Ergebnis in tabellarischer Form. Alle Grafiken und Berechnungsergebnisse können auf Wunsch zusätzlich in einen Html-Format ausgegeben werden, was dann anschließend weiterbearbeitet werden kann.

OPTIONEN

1) Register: Konstruktion/ Berechnung/ Diagramme

2) Diagrammauswahl

3) Wellenbelastung, Diagramm

4) Berechnungsergebnisse

7.4.3 Konstruktion der Antriebswelle

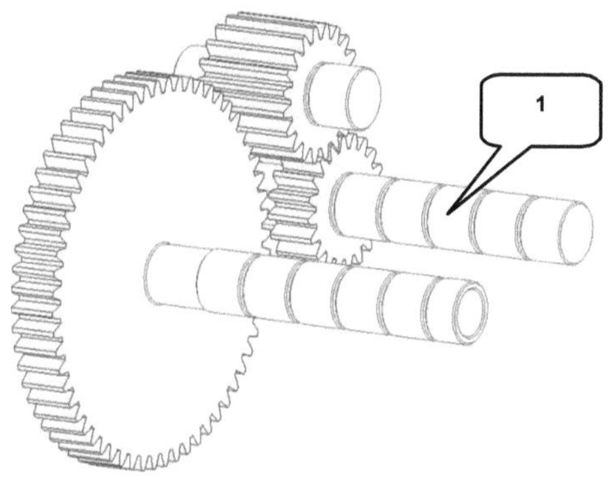

Zuerst ist die **Antriebswelle** (1) zu konstruieren: Sie wird fünf Zahnräder tragen (vier für die Vorwärtsgänge und eins für den Rückwärtsgang).

Sie ist fest mit der Kupplung verbunden und überträgt den Kraftfluss entweder über die Zahnräder direkt auf die Abtriebswelle (für die vier Vorwärtsgänge), oder für den Rückwärtsgang über die Rücklaufachse zur Abtriebswelle.

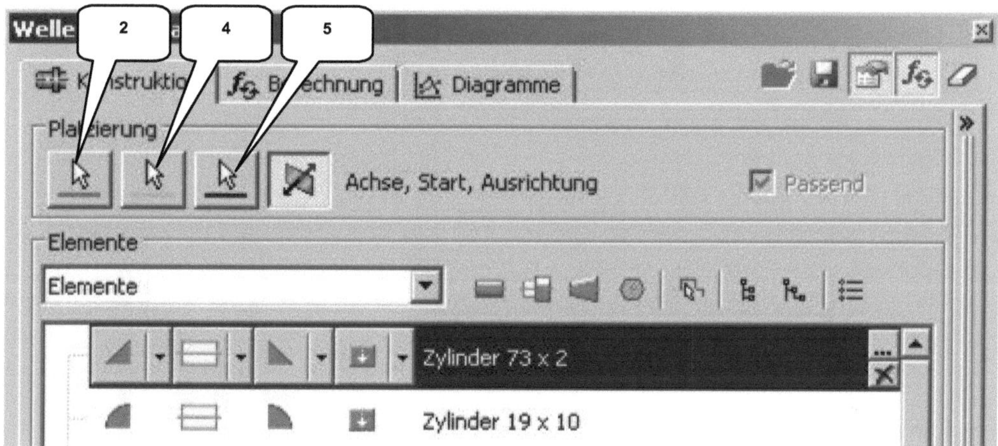

Sobald der **Wellen-Generator** gestartet wurde, sollte die Welle zunächst positioniert werden.

Als **Referenz** für die axiale Ausrichtung ist die Bohrungsfläche (2) des sich neben der Kupplung (3) befindlichen Lagers auszuwählen, als **Startfläche** die markierte Fläche der Kupplung (4) und als **Referenz** zur radialen Ausrichtung die markierte Oberfläche des Motorgehäuses (5).

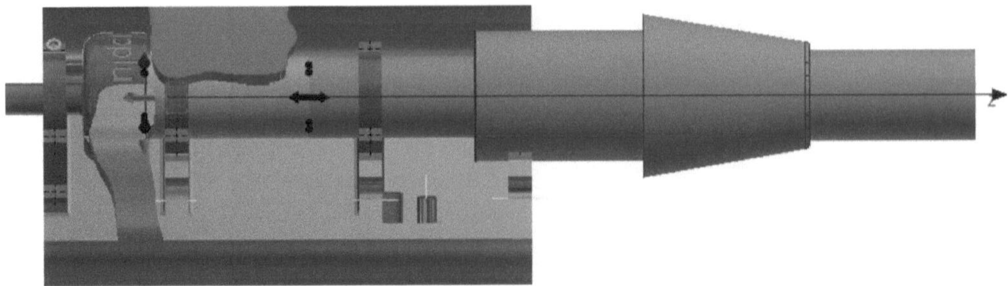

Die noch unbearbeitete Welle sollte jetzt positioniert worden sein und - wie in der oberen Abbildung zu sehen - in Richtung des Getrieberaums zeigen. Verläuft die Welle allerdings durch die Kupplung hindurch, muss ihre Richtung mit der Option ✗ *Seite umkehren* (6) korrigiert werden.

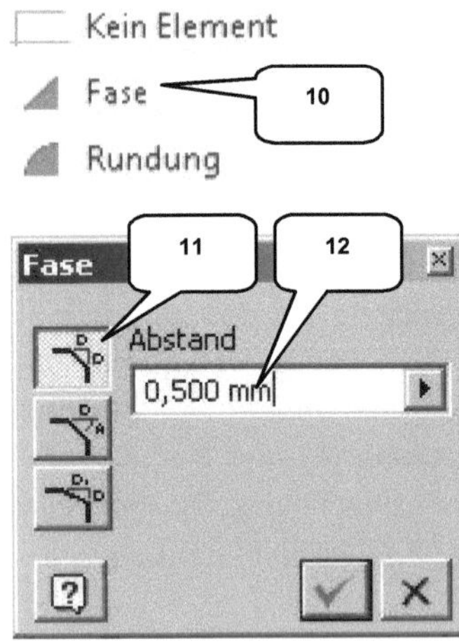

Um die Antriebswelle geometrisch an den Getrieberaum und die Wälzlager anpassen zu können, muss sie aus verschiedenen Abschnitten mit unterschiedlichen Längen und Durchmesser bestehen. Aktivieren Sie den Bereich *Elemente* (7) und löschen Sie alle vorhandenen Abschnitte bis <u>auf den ersten</u>, indem Sie auf die entsprechende Zeile klicken. Wählen Sie danach die Option ✗ *Löschen* (8) (das ❷ *Hinweisfenster* kann mit ⬚ *Ja* bestätigt werden) und sobald nur noch eine Zeile vorhanden ist, kann mit der Bearbeitung begonnen werden: Klicken Sie hierfür auf das kleine markierte Dreieck (9) auf der linken Seite der Zeile, wählen Sie die Option ◢ *Fase* (10), aktivieren Sie die Option *Abstand* (11) und tragen Sie den Wert *0,5 mm* (12) ein.

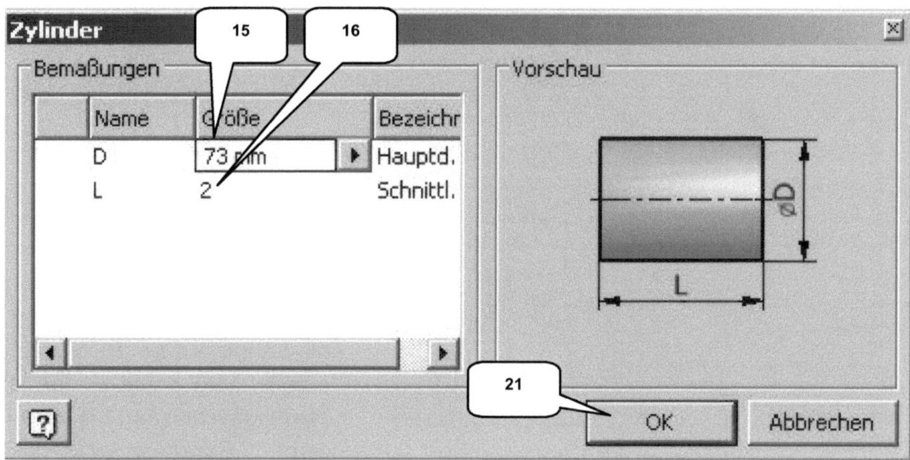

Erzeugen Sie auch auf der rechten Seite des Wellenabschnittes (13) eine ◢ *Fase* mit den-
selben Einstellungen. Jetzt können Durchmesser und Länge des Abschnittes definiert werden. Öffnen Sie dessen ⬚ *Eigenschaften* (14), tragen Sie den Durchmesser *D= 73 mm*
(15) und die die Länge *L= 2 mm* (16) ein. [OK] *OK* (17) bestätigt die Eingaben.

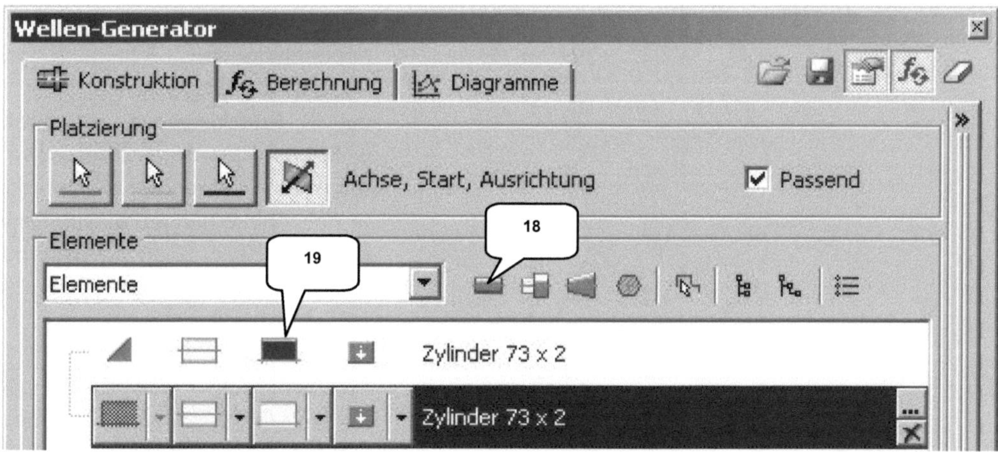

Zurück im Hauptbefehlsfenster ist die Option ▬ *Zylinder einfügen* (18) auszuwählen, um
einen weiteren Wellenabschnitt zu erstellen. Die zweite Fase des ersten Wellenabschnittes
(19) müsste jetzt rot dargestellt werden (19), weil das Programm die Fase aufgrund des
identischen Durchmessers beider Abschnitte nicht mehr erzeugen kann: Es kann allerdings
vorerst ignoriert werden.

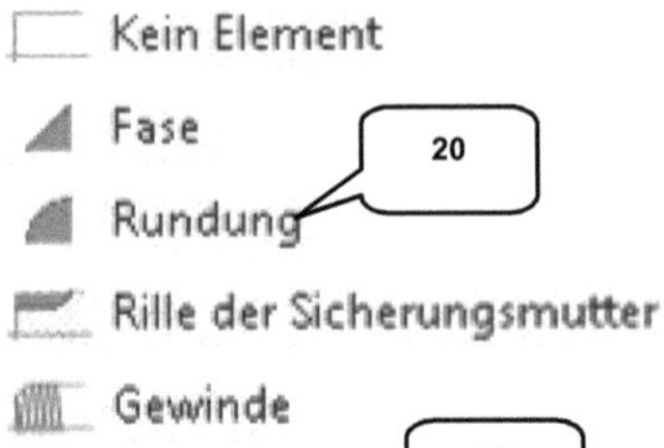

Kein Element

Fase

Rundung **(20)**

Rille der Sicherungsmutter

Gewinde

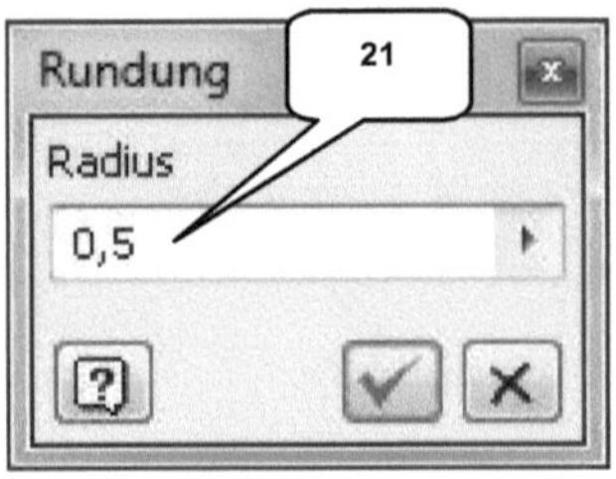

Rundung (21)

Radius

0,5

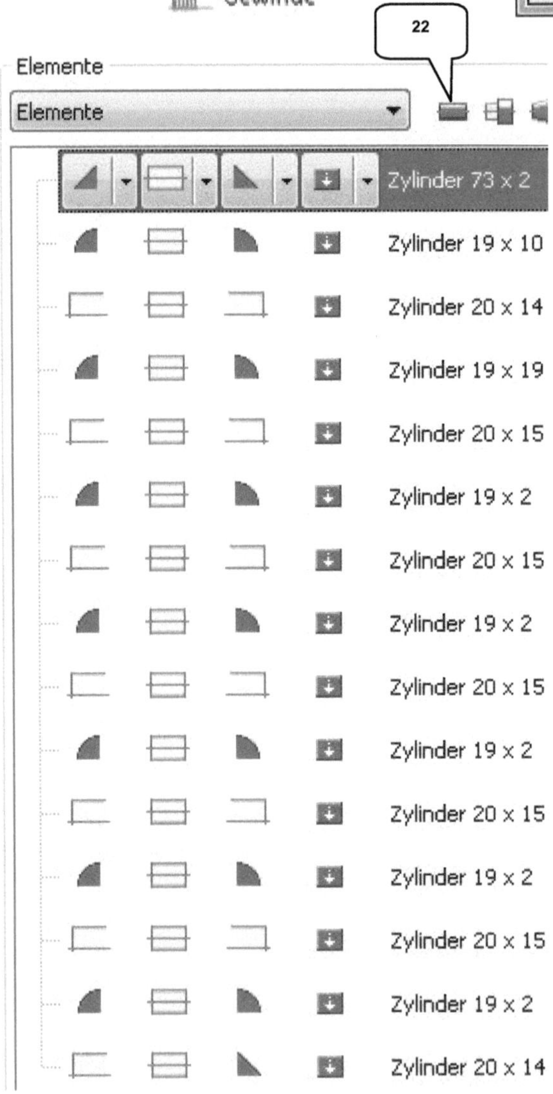

(22)

Elemente

Elemente

				Zylinder 73 x 2
				Zylinder 19 x 10
				Zylinder 20 x 14
				Zylinder 19 x 19
				Zylinder 20 x 15
				Zylinder 19 x 2
				Zylinder 20 x 15
				Zylinder 19 x 2
				Zylinder 20 x 15
				Zylinder 19 x 2
				Zylinder 20 x 15
				Zylinder 19 x 2
				Zylinder 20 x 15
				Zylinder 19 x 2
				Zylinder 20 x 14

Ändern Sie in der zweiten Zeile den Durchmesser auf *D= 19 mm*, die Länge auf *L= 10 mm* und bearbeiten Sie beide Enden dieses Wellenabschnittes. Sie sollen mit einer *Rundung* von R= *0,5 mm* (20, 21) versehen werden.

Erzeugen Sie *13* weitere *Wellenabschnitte* (22) (es sollten dann insgesamt 15 Zeilen im Fenster *Elemente* vorhanden sein). Die jeweiligen Maße sind der nebenstehenden Abbildung zu entnehmen. Einige Abschnitte sind mit *Rundungen* zu versehen, wobei ein jeweiliger Radius von *0,5 mm* zu verwenden ist. Der letzte Abschnitt erhält an dessen Ende eine *Fase* (Option *Abstand*, Wert *0,5 mm*).

Wurden alle Einstellungen übernommen, kann der Befehl mit OK *OK* bestätigt und beendet werden.

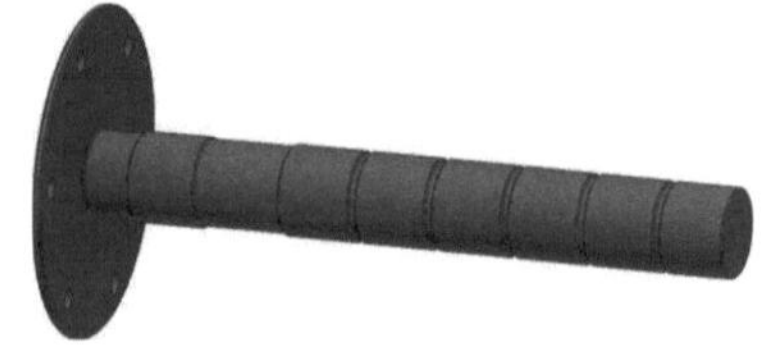

7.4.4 Befestigungsflansch der Antriebswelle mit Bohrungen versehen

Um Antriebswelle und Lamellenkupplung miteinander verbinden zu können, müssen im Befestigungsflansch der Welle (erster Wellenabschnitt: 73 x 2 m m) insgesamt sechs Bohrungen erzeugt werden. Isolieren Sie diese beiden Komponenten vorab: Markieren Sie Kupplung (1) und Antriebswelle (2) und klicken Sie dann mit der *rechten Maustaste* darauf, um die Option ▦ *Isolieren* zu aktivieren. Um die Sicht auf die Gewindebohrungen der Kupplung freizugeben, kann der Antriebswelle temporär das Material *Glas* zugewiesen werden.

Doppelklicken Sie die Antriebswelle (2) um in ihren Baugruppenbereich zu gelangen und doppelklicken Sie erneut darauf, um in den Modellbereich des Bauteils zu gelangen.

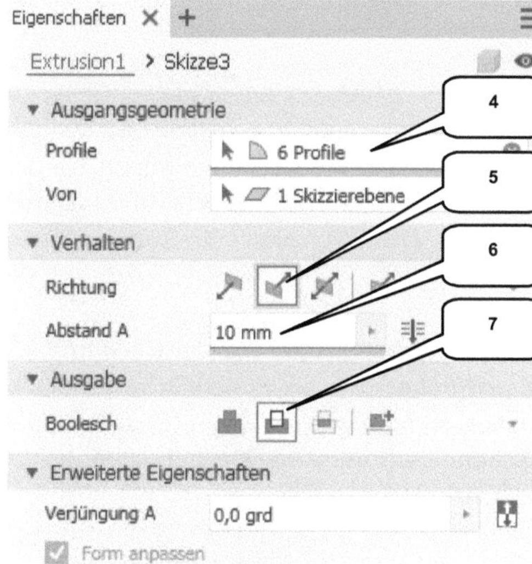

Im Bauteil *Welle.ipt* angelangt, ist auf der markierten Fläche (3) eine neue ✐ 2D-Skizze zu erzeugen. 🗇 Projizieren Sie die sechs Bohrungen der Kupplung (4) in den Skizzenbereich und *beenden* Sie die *Skizze* danach.

Zurück im *Modellbereich* ist der Befehl 🗐 Extrusion zu starten und die sechs projizierten *Kreise* (4) sind zu extrudieren. Verwenden Sie die *Richtung 2* (5), den Abstand *10 mm* (6) und das Verfahren *Differenz* (7).

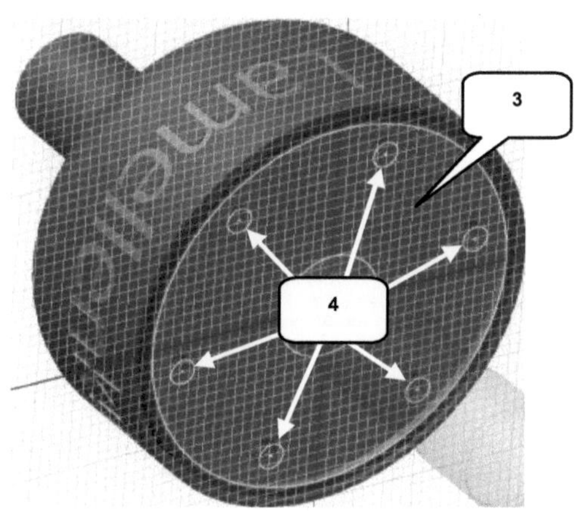

Bauteil- und Baugruppenbereich der Welle können anschließend verlassen werden (2x auf ◀🔵 Zurück klicken). Im Baugruppenbereich ist der *Welle* die Farbe *Chrompoliert-blau* zuzuweisen.

7.4.5 Schrauben aus dem Inhaltscenter importieren

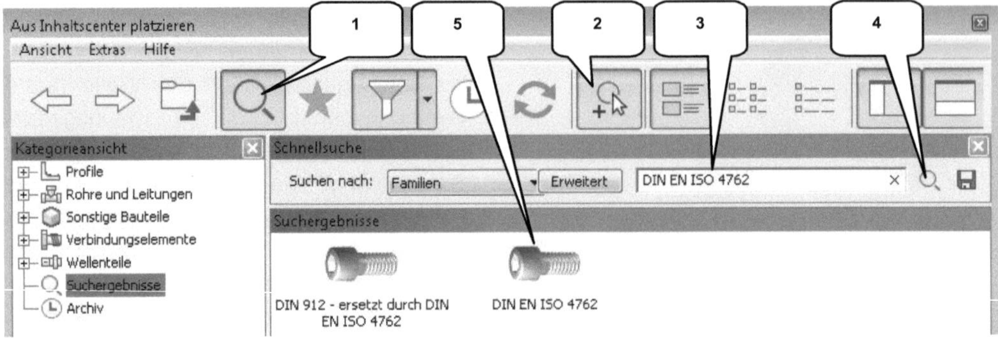

Starten Sie im Register **Zusammenfügen** den Befehl **Aus Inhaltscenter platzieren**, um Antriebswelle und Lamellenkupplung durch Schrauben miteinander verbinden zu können. Aktivieren Sie die beiden Optionen **Suche** (1) und **AutoDrop** (2) und tragen Sie den Suchbegriff **DIN EN ISO 4762** (3) ein, um anschließend mit der **Suche** (4) zu beginnen. Doppelklicken Sie die markierte Schraube **DIN EN ISO 4762** (5), sobald die Suche beendet ist.

Um die Schraube einfügen zu können, ist als konzentrische **Referenz** die **Gewindebohrungen** der Kupplung (6) auszuwählen. Als **Startfläche** sollte die Seitenfläche der Kupplung (7) angeklickt werden. Aktivieren Sie die Option **Mehrere einfügen** (8) und doppelklicken Sie den **Pfeil** (9) am Ende der bereits schematisch dargestellten Schraube. Im folgenden Auswahlfenster ist die Schraubenlänge **10 mm** (10) zu wählen.

Bestätigen (11) Sie den Befehl anschließend um ihn zu beenden und die Schrauben zu generieren.

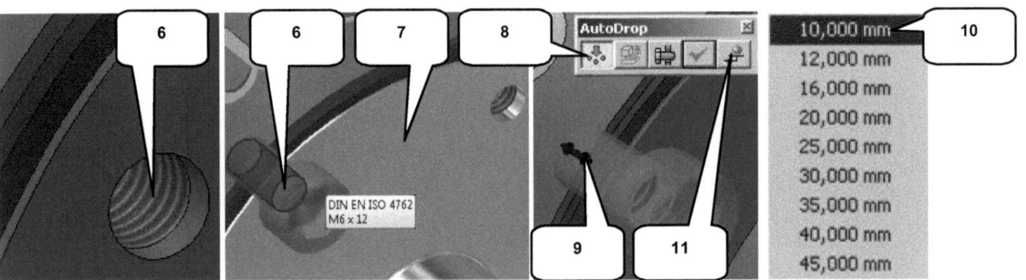

7.4.6 Abschließende Arbeiten an der Antriebswelle

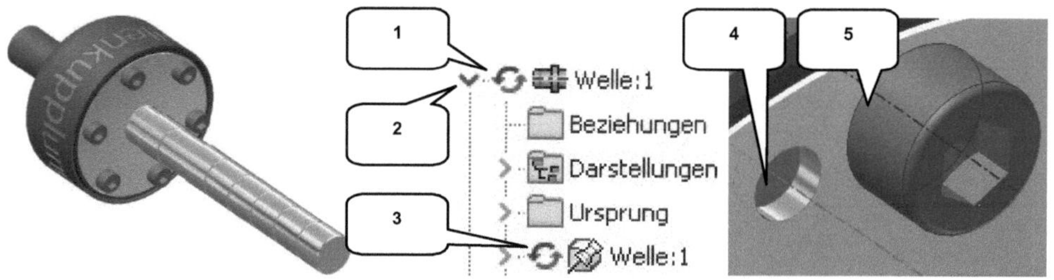

Durch die zuletzt in die Antriebswelle eingefügten Bohrungen, wird die Welle im Browser als *adaptiv* (1) gekennzeichnet. Um später einen reibungslosen Bewegungsablauf des gesamten Getriebes gewährleisten zu können, <u>muss</u> diese Adaptivität allerdings wieder deaktiviert und beide Komponenten (Kupplung und Antriebswelle) müssen mit einer neuen Abhängigkeit verbunden werden. Klappen Sie im Browser die Baugruppe *Welle.iam* (2) auf und deaktivieren Sie beim Bauteil *Welle.ipt* (3) die *Adaptivität* (*rechte Maustaste > Adaptiv*). Die Kupplung sollte jetzt bei gedrückter linker Maustaste etwas gedreht werden, bis Schrauben und Bohrungen der Welle nicht mehr auf derselben Position sitzen (4). Beide Bauteile sollen mit einer axialen *Abhängigkeit* verbunden werden. Hierfür sind die Achse der Bohrung (4) und die Achse der Schraube (5) miteinander zu verbinden.

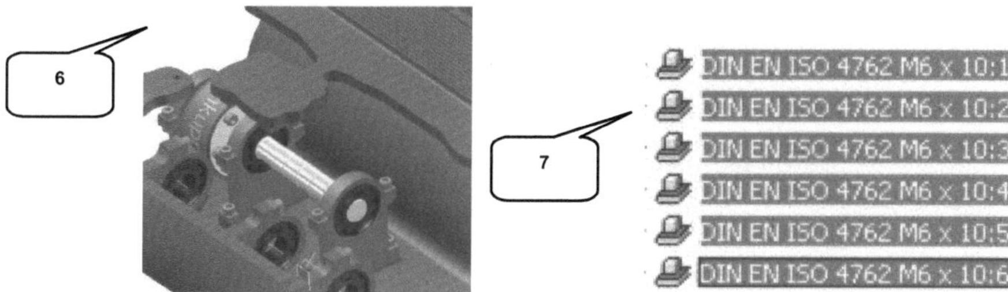

Klicken Sie danach mit der *rechten Maustaste* auf einen beliebigen Punkt im Hintergrund des Zeichenbereiches (6) und wählen Sie Option *Isolieren rückgängig*[12], um alle anderen Komponenten wieder einzublenden. Markieren Sie anschließend die neuen Schrauben im Browser (7) und wählen Sie im Kontextmenü der rechten Maustaste die Option *Ordner* mit der Bezeichnung *Schrauben*.

---

[12] Sollte die Option *Isolieren rückgängig* nicht verfügbar sein, wurde eventuell zwischenzeitlich gespeichert. Dann müssen die ausgeblendeten Komponenten manuell wieder sichtbar gemacht werden. Hierfür sind alle im Browser grau dargestellten Objekte zu markieren und mit der Option *Sichtbarkeit* der *rechten Maustaste* wieder einzublenden (<u>Nicht</u> das Bauteil *Motorradrahmen.ipt* einblenden!).

7.4.7 Importieren der Halterungen für die Rücklaufachse

Fügen Sie das Bauteil **Rücklaufachse-Halter.ipt** in die Baugruppe ein und legen Sie es zweimal darin ab. Positionieren Sie die beiden Bauteile, wie in der oberen Abbildung dargestellt, bündig an den dafür vorgesehenen Absätzen im oberen Bereich des Getrieberaumes (1, 2).

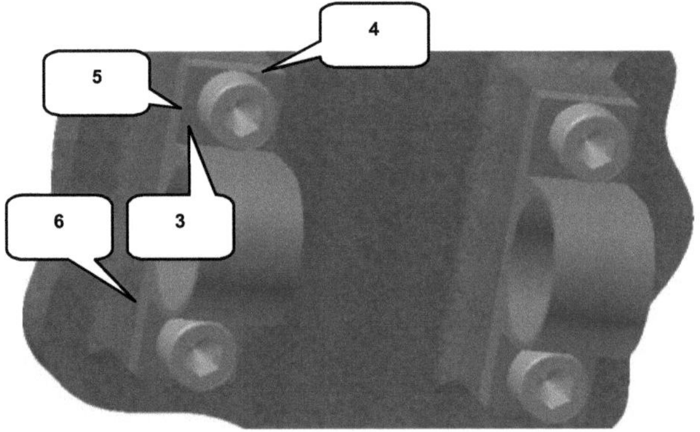

Starten Sie den ⬚ **Schraubenverbindungs-Generator** um die beiden Halter mit dem Motorgehäuse zu verschrauben. Wählen Sie die Option ⬚ **Nicht durchgehend**, den Platzierungstyp ⬚ Linear **Linear**, die markierte **Startebene** (3), als ⬚ **Referenzen** die beiden **linearen Kanten** (4, 5) mit den jeweiligen Abständen **5 mm** und **7 mm**, sowie die markierte **Sackloch-Startebene** (6). Verwenden Sie den Gewindetyp **ISO Metrisches Profil** und den Durchmesser **6 mm**. Klicken Sie danach auf die Schaltfläche **Zum Hinzufügen einer Schraube hier klicken** um die **Zylinderkopfschraube DIN EN ISO 4762** zu platzieren.

Insgesamt sind vier Schraubenverbindungen einzufügen. **Speichern** Sie die Baugruppe und achten Sie darauf, die Option **Ja, für alle** zu aktivieren.

7.4.8 Konstruktion der Rücklaufachse

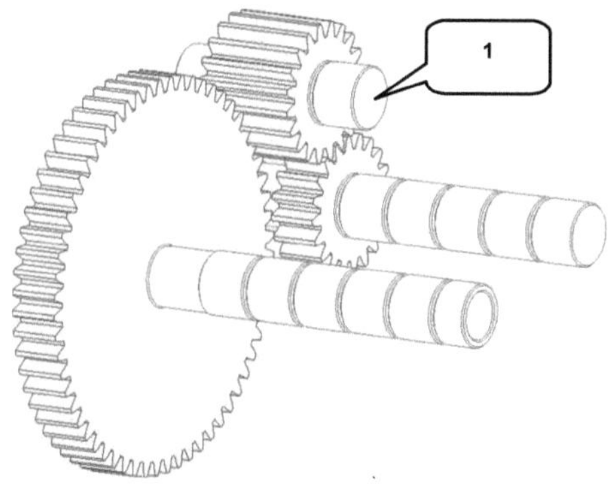

Die **Rücklaufachse** (1) ist sehr kurz und trägt nur ein einziges Zahnrad: das Rücklaufrad. Der Kraftfluss wird von den Zahnrädern der Antriebswelle auf die Rücklaufachse übertragen und von dieser weiter zur Abtriebswelle. Dabei wird die Drehrichtung der Abtriebswelle umgekehrt.

Starten Sie den ⊞ **Wellen-Generator** und ✗ **löschen** Sie alle vorhandenen Abschnitte bis auf den ersten. Erzeugen Sie danach vier neue ▬ **Abschnitte** (2) und übernehmen Sie alle Durchmesser und Längen aus der nebenstehenden Abbildung. Alle ◢ **Rundungen** sind mit einem Radius von **0,5 mm** und alle ◢ **Fasen** mit der Option **Abstand** (**0,5 mm**) zu versehen. Beenden Sie den Befehl mit ⬚ OK **OK** und legen Sie die Achse frei im Zeichenbereich ab.

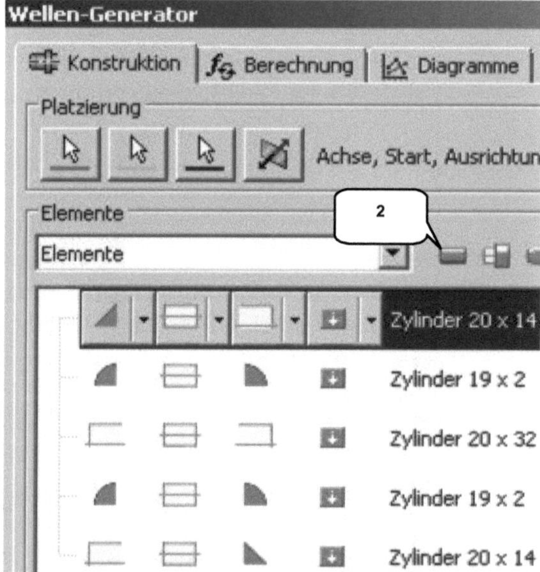

Erzeugen Sie zur Positionierung der Achse eine axiale ⬚ **Abhängigkeit** zwischen Achse (3) und Halter (4) und eine fluchtende ⬚ **Abhängigkeit** zwischen den beiden markierten Flächen (5) und (6).

Weisen Sie der Rücklaufachse abschließend die Farbe **Chrompoliert-blau** zu und **speichern** Sie sie die Baugruppe.

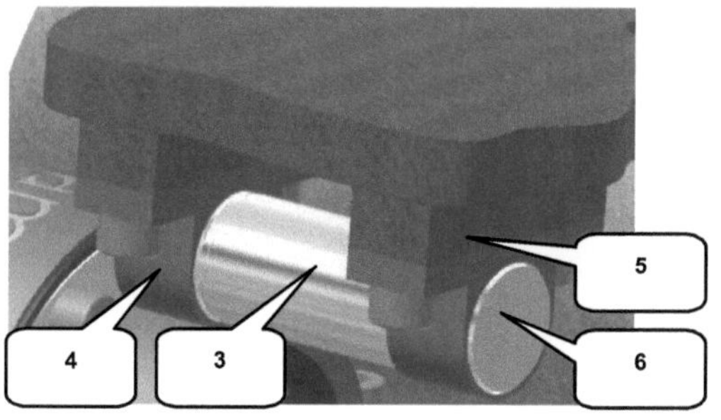

7.4.9 Konstruktion der Abtriebswelle

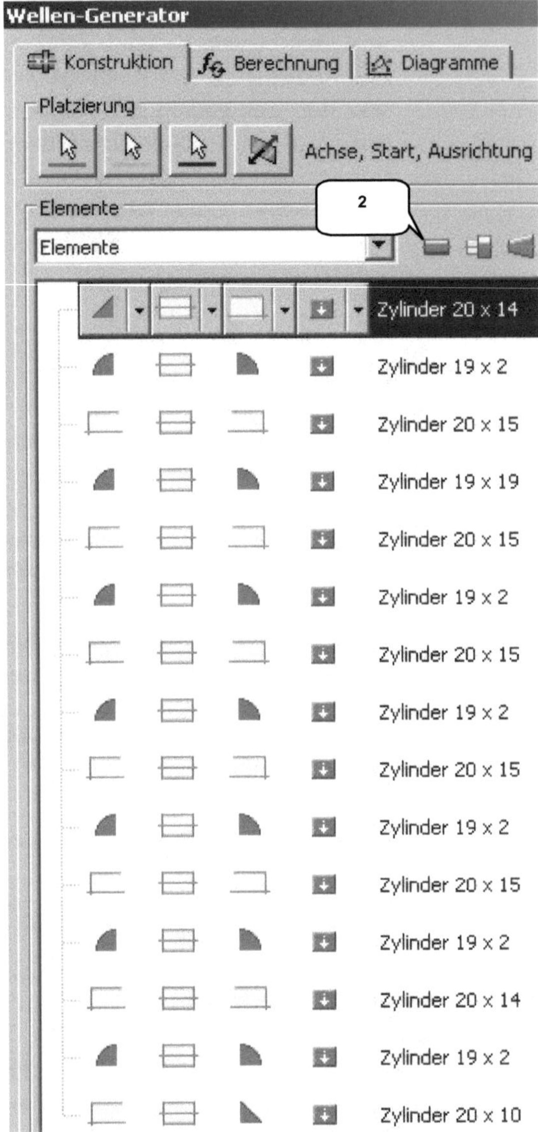

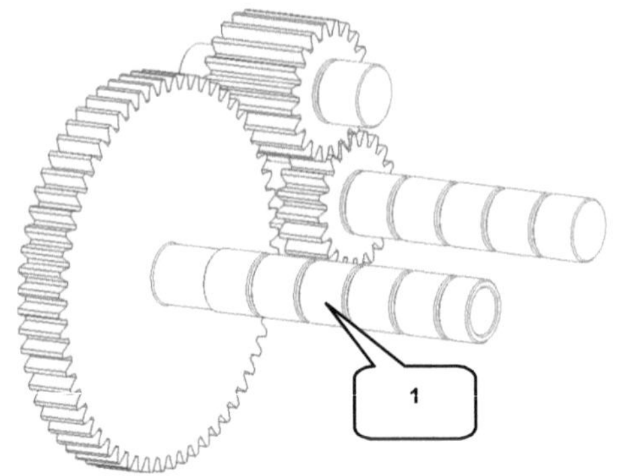

Die **Abtriebswelle** (1) wird fünf Zahnräder (vier für die Vorwärtsgänge und einen für den Rückwärtsgang) und außerdem ein Kegelrad tragen. Der Kraftfluss kann entweder von der Antriebswelle oder von der Rücklaufachse auf die Abtriebswelle übertragen werden. Sie muss als Hohlwelle konstruiert werden, weil eine Schaltkette und der Verbindungskeil durch sie hindurch verlaufen wird.

Starten Sie den **Wellen-Generator** und **X löschen** Sie alle vorhandenen Abschnitte bis auf den ersten. Erzeugen Sie danach 14 weitere **Abschnitte** (2), wobei die jeweiligen Durchmesser und Längen der nebenstehenden Abbildung zu entnehmen sind. Alle **Rundungen** sind mit einem Radius von **0,5 mm** und alle **Fasen** mit der Option **Abstand** und einem Wert **0,5 mm** zu gestalten. Wechseln Sie im Feld **Elemente** zur Option **Hohlräume Links** (3), um eine Durchgangsbohrung zu erzeugen.

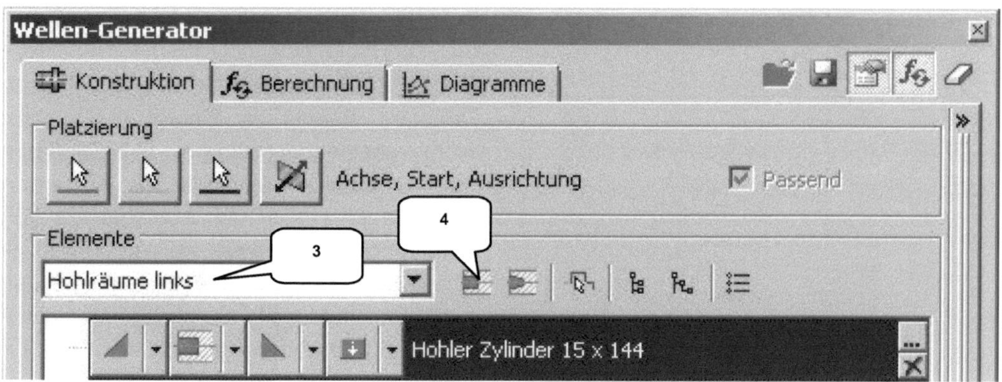

Wählen Sie die Option **Inneren Zylinder einfügen** (4) und erzeugen Sie eine Bohrung mit einem Durchmesser **D= 15 mm** und einer Länge **L= 144 mm**. Fügen Sie diesem Element zwei ◢ **Fasen** (Option **Abstand**, Wert **0,5 mm**) hinzu und bestätigen Sie den Befehl mit ⬚ OK **OK**. Die Welle kann jetzt frei im Zeichenbereich abgelegt werden.

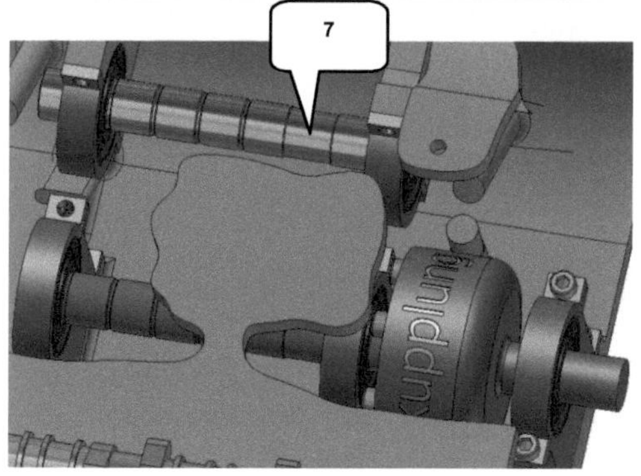

Positionieren Sie die Welle (5) mit einer axialen ⬛ **Abhängigkeit** im Lager (6), und achten Sie dabei auf die korrekte Position des Wellenabschnittes **19 × 19 mm** (7) (Welle ggf. vorher ausrichten). Setzen Sie eine fluchtende ⬛ **Abhängigkeit** zwischen der Stirnseite der Welle (8) und der Seitenfläche des Lagers (9), weisen Sie ihr die Farbe **Chrom-poliert-blau** zu und **speichern** Sie die Baugruppe abschließend.

7.5 Konstruktion der Zahnradpaare

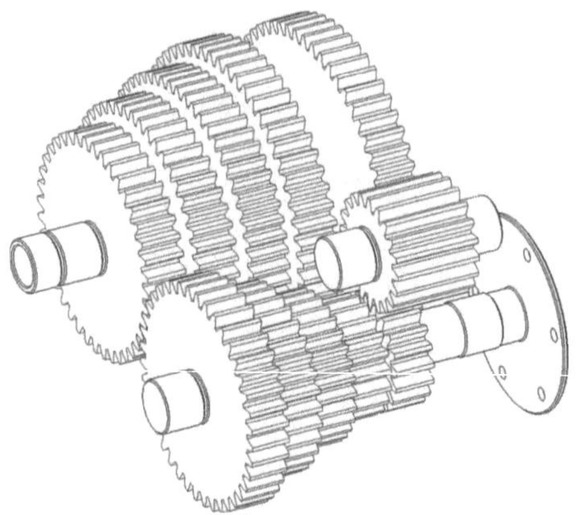

Bei einem *Ziehkeilgetriebe* sind die Zahnradpaare ständig im Eingriff und w erden nicht voneinander getrennt. Die Zahnräder der Antriebswelle sind fest mit ihr verbunden, die Zahnräder der Abtriebswelle können nen frei auf ihr gedreht werden. Durch die Abtriebswelle hindurch verläuft eine Schaltkette mit einem Verbindungskeil. Wird dieser unter ein Zahnrad geschoben, so aktiviert er eine Sperre, verbindet damit Zahnrad und Abtriebswelle und ermöglicht den Kraftfluss.

7.5.1 Befehlsgrundlagen STIRNRÄDER-GENERATOR

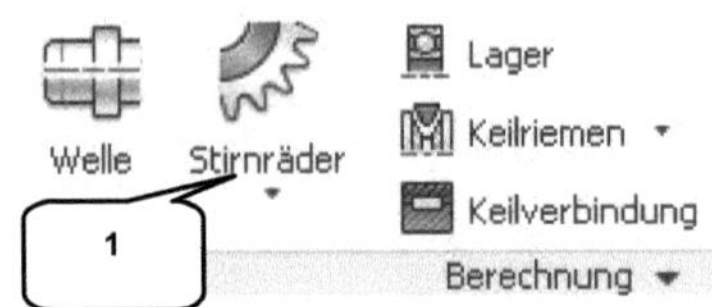

Der **Stirnräder-Generator** (1) ermöglicht die Konstruktion von Stirnradpaaren, wobei alle Randbedingungen frei definiert und die Zahnräder in der Baugruppe positioniert werden können.

7.5.1.1 Register KONSTRUKTION

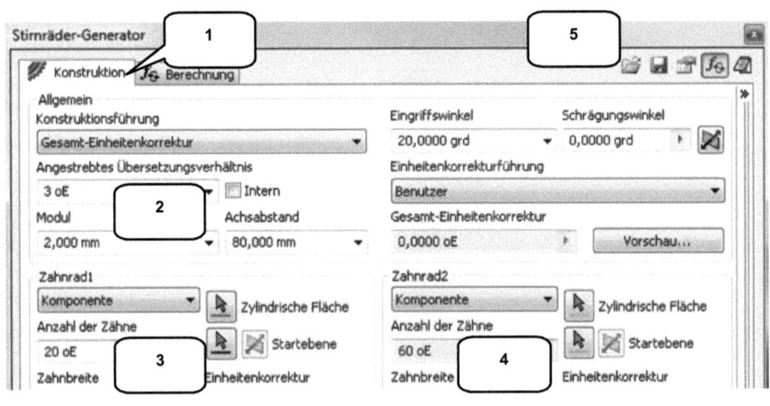

Im Register *Konstruktion* werden Berechnungstyp, Übersetzungsverhältnis, Achsabstand, Eingriffswinkel und geometrische Abmessungen der Stirnräder festgelegt.

1) Register: Konstruktion/ Berechnung
2) Berechnungstyp, Übersetzungsverhältnis, Modul, Achsabstand, Eingriffswinkel, Schrägungswinkel

3) Geometrie 1. Stirnrad
4) Geometrie 2. Stirnrad
5) Berechnungswerte importieren/ exportieren, Berechnungseinstellungen

7.5.1.2 Register BERECHNUNG

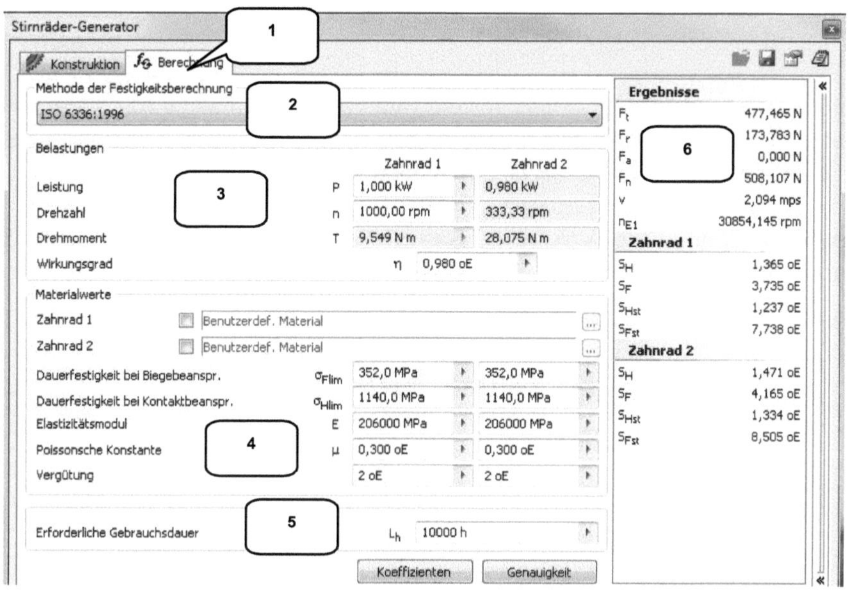

Der Register **Berechnung** ermöglicht eine Auswahl der Methode der Festigkeitsberechnung sowie die Definition von Material, Gebrauchsdauer und Belastung.

1) Register: Konstruktion/ Berechnung
2) Methode der Festigkeitsberechnung
3) Belastungen

4) Materialauswahl
5) Gebrauchsdauer
6) Berechnungsergebnisse

7.5.2 Konstruktion des Zahnradpaares für den ersten Gang

Zur besseren Darstellung sollten die Wellen (1) im Browser markiert und danach isoliert werden (*rechte Maustaste* > **Isolieren**).

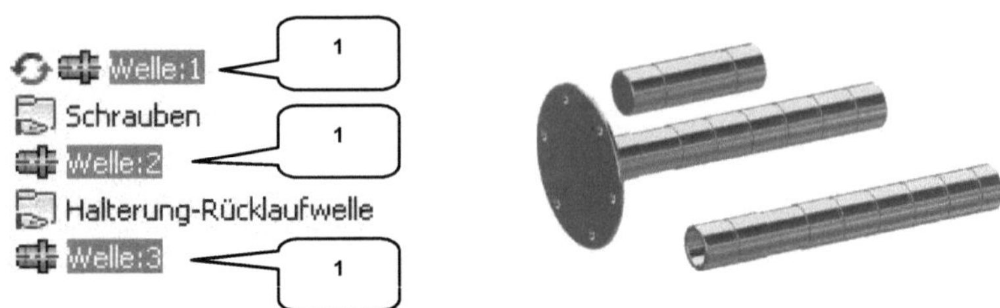

Das Zahnradpaar des ersten Ganges soll ein Übersetzungsverhältnis von *3:1* erhalten. Das bedeutet, dass sich die Drehzahl der Kurbelwelle nur zu einem Drittel von der Antriebs- auf die Abtriebswelle überträgt. Das Drehmoment hingegen wird größer.

Die Anzahl der Zähne für das treibende Rad (Zahnrad 1) soll *20*, für das getriebene Rad (Zahnrad 2) *60* betragen und beide Stirnräder sind in einer Breite von *15 mm* zu konstruieren.

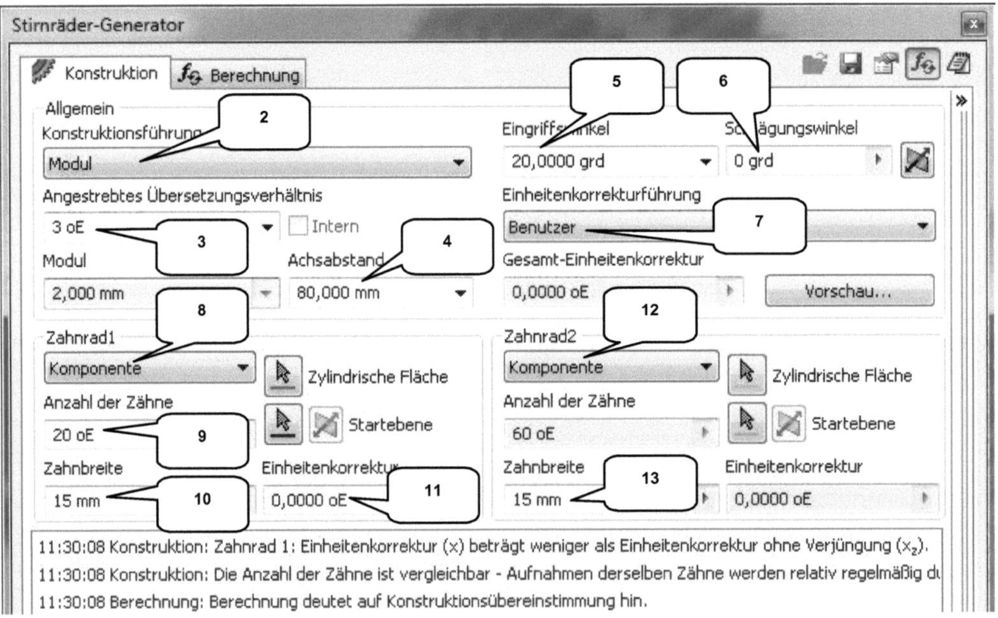

Die Einstellungen sollten in folgender Reihenfolge übernommen werden:

> ***Konstruktionsführung***: Modul (2)
> ***Übersetzungsverhältnis***: 3:1 (3) [13]
> ***Achsabstand***: 80 mm (4)
> ***Eingriffswinkel***: 20° (5)
> ***Schrägungswinkel***: 0° (6)
> ***Einheitenkorrektur***: Benutzer (7)
> ***Zahnrad 1-Option***: Komponente (8)

> ***Zahnrad 1-Anzahl der Zähne***: 20 (9)
> ***Zahnrad 1-Zahnbreite***: 15 mm (10)
> ***Zahnrad 1-Einheitenkorrektur***: 0 (11)
> ***Zahnrad 2-Option: Komponent***e (12)
> ***Zahnrad 2-Zahnbreite***: 15 mm (13)
> **Berechnen** ***Berechnen***

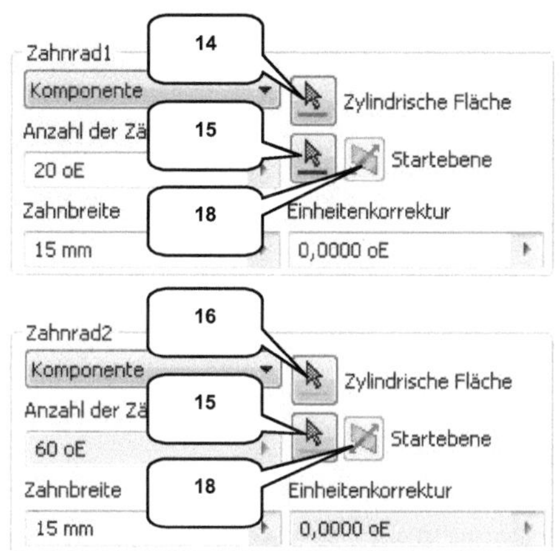
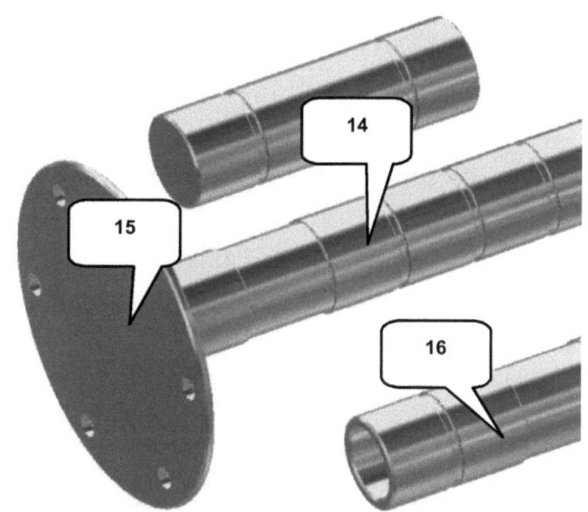

Nachdem die Werte berechnet wurden, können die ⬚ **Referenzen** zur Positionierung[14] des Zahnradpaares definiert werden. Verwenden Sie dafür die oben markierten zylindrischen Oberflächen (14, 16) und als Startebene die Fläche (15).

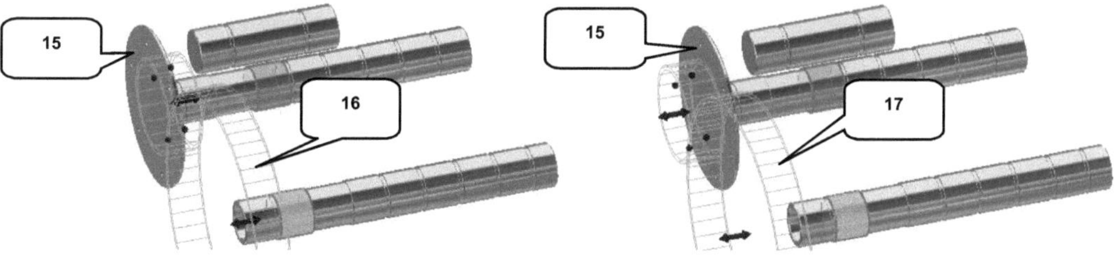

---

[13] Sollte das Eingabefeld ***Angestrebtes Übersetzungsverhältnis*** (3) nach Aktivierung der Konstruktionsführung ***Modul*** (2) grau hinterlegt sein, wechseln Sie kurz zur Option Konstruktionsführung ***Modul und Anzahl der Zähne*** (2) und dann wieder zurück zu ***Modul***.

[14] Achten Sie darauf, dass das Zahnradpaar, rechts neben der Startfläche (15) angeordnet wird (16). Sollte dies nicht der Fall sein (17), muss die Option ⬚ ***Seite umkehren*** (18) zur Korrektur verwendet werden (für jedes Zahnrad einzeln).

Der Befehl kann jetzt mit [OK] *OK* bestätigt werden und das Zahnradpaar wird berechnet. Die neue Unterbaugruppe *Stirnräder:1* (19) sollte im Browser automatisch als ⬚ *flexibel* (20) gekennzeichnet worden sein werden. Andernfalls muss es manuell nachgeholt werden (*rechte Maustaste > Flexibel*), weil es sich sonst nicht bewegen wird.

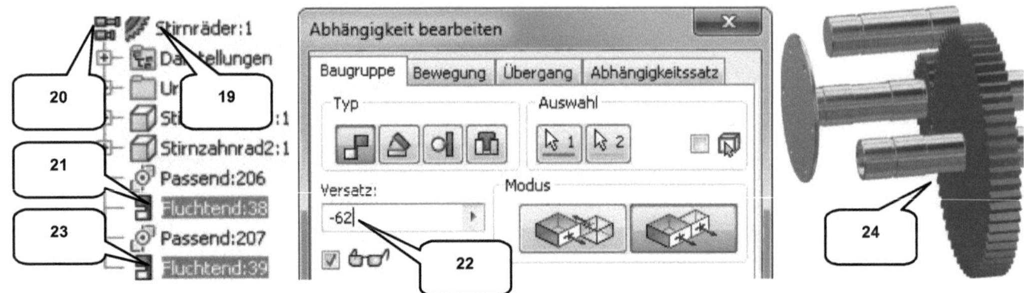

Überprüfen Sie die Beweglichkeit der Zahnradpaarung. Hierfür muss eines der Zahnräder bei gedrückter linker Maustaste gedreht werden: das zweite sollte sich ebenfalls drehen.

Die axialen Abhängigkeiten zwischen den Zahnrädern und den Wellen wurden bereits erzeugt. Die genauen Positionen der Zahnräder auf den Wellen fehlen aber noch.

Erweitern Sie dafür die Baugruppe *Stirnräder:1* (19) im Browser. Um die Abstände der Zahnräder zu den Seitenflächen zu definieren, sind die vorhandenen Abhängigkeiten zu bearbeiten. Starten Sie mit der Bearbeitung der ersten Abhängigkeit ⬚ *Fluchtend* (21) (*rechte Maustaste > Bearbeiten*) und ändern Sie den Versatzwert auf *-62 mm* (22).

Im Ergebnis sollte das Zahnrad jetzt in Richtung der Wellenmitte verschoben werden (24). Übernehmen Sie diesen Versatz auch für das zweite Zahnrad (23) unter Verwendung desselben Wertes von *-62 mm* (22). Beide Zahnräder sollten sich jetzt wieder auf derselben Höhe befinden[15].

7.5.3 Konstruktion der Zahnradpaare der restlichen Vorwärtsgänge

Wiederholen Sie die vorherige Befehlskette und übernehmen Sie die Werte und Einstellungen aus den folgenden Abbildungen. Das Zahnradpaar des zweiten Ganges (1) wird dabei mit einem Übersetzungsverhältnis von *2:1* (2), bei *30* Zähnen (3) für das erste Zahnrad konstruiert.

---

[15] Sollten die Zahnräder fälschlicherweise außerhalb der Wellen positioniert worden sein, müssen die Versatzwerte auf einen positiven Wert korrigiert werden (+62 mm).

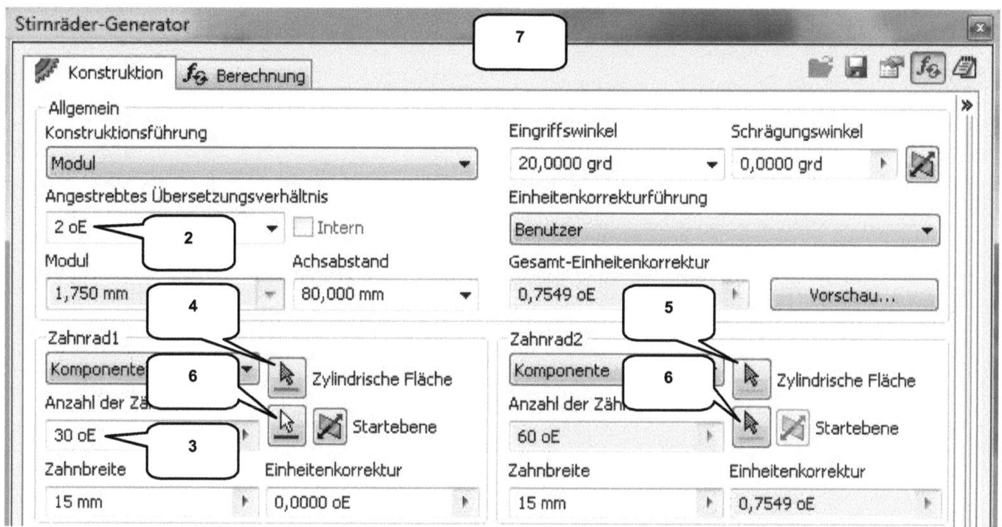

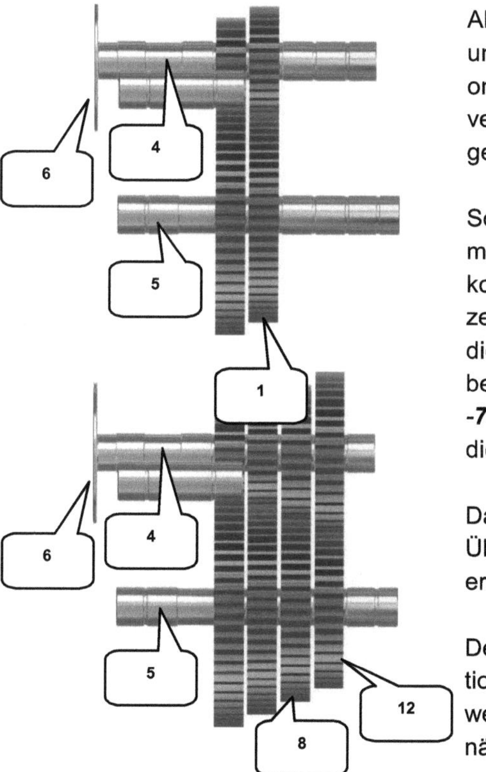

Als ↳ **Referenzen** für die *zylindrischen Flächen* (4) und (5) und die ↳ **Startebene** (6) können dieselben geometrischen Elemente wie beim ersten Zahnradpaar verwendet werden. Die restlichen Werte und Einstellungen sind der oberen Abbildung (7) zu entnehmen.

Sobald das Zahnradpaar berechnet und platziert wurde, müssen auch hier die axialen Positionen auf den Wellen korrigiert werden. Hierfür ist im Browser die zuletzt erzeugte Unterbaugruppe *Stirnräder:1* zu erweitern, um die darin enthaltenen fluchtenden Abhängigkeiten zu bearbeiten. Verwenden Sie diesmal einen Versatz von *-79 mm* und kontrollieren Sie abschließend auch hier die Beweglichkeit des Zahnradpaares.

Das Zahnradpaar des dritten Ganges (8) soll mit einem Übersetzungsverhältnis von *1,5:1* (9) bei *33* Zähnen des ersten Zahnrades (10) versehen werden.

Der Versatzwert der Zahnräder von der Ursprungsposition (3) aus, muss anschließend auf *-96 mm* geändert werden. Alle restlichen Werte und Einstellungen sind der nächsten Abbildung (11) zu entnehmen.

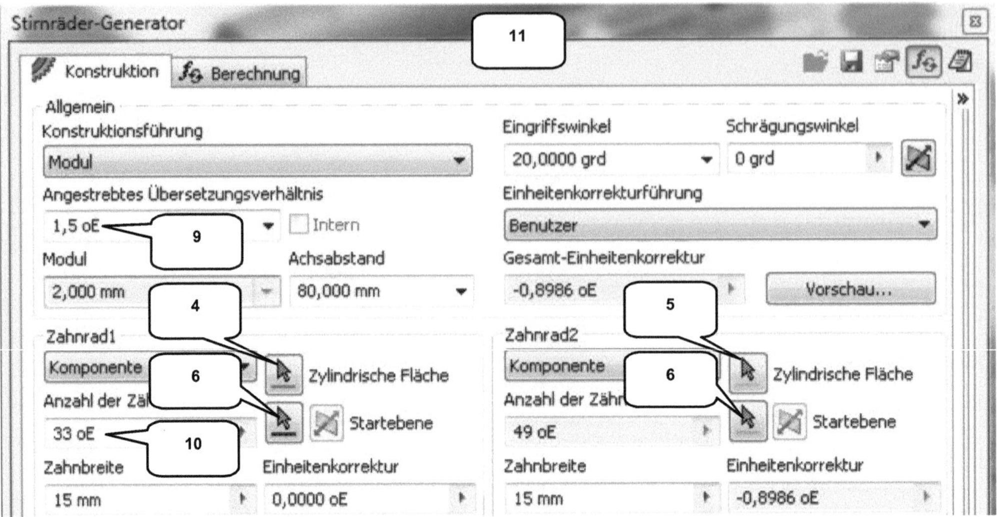

Jetzt kann das Zahnradpaar des vierten Ganges (12) erzeugt werden. Sein Übersetzungsverhältnis wird mit *1:1* (13) festgelegt, weshalb dieser Gang auch als Direktgang bezeichnet werden kann (Antriebs- und Abtriebswelle drehen gleich schnell). Das erste Zahnrad soll *40* Zähne erhalten (14), die restlichen Werte und Einstellungen sind der Abbildung (15) zu entnehmen.

Wurde die Konstruktion des Zahnradpaares abgeschlossen, ist der Versatz der Zahnräder zur Startfläche (3) auf *-113 mm* zu korrigieren. Prüfen Sie abschließend wieder, ob sich beide Zahnräder drehen lassen und *speichern* Sie die Baugruppe danach.

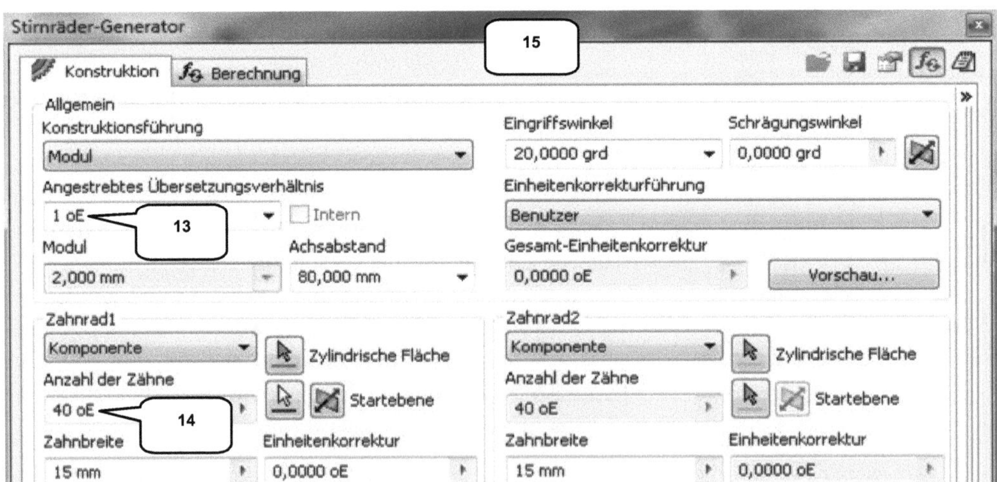

7.5.4 Importieren der Zahnräder für den Rückwärtsgang

Der Rückwärtsgang stellt in seiner Konstruktion eine Besonderheit dar: Um die Drehrichtung der Abtriebswelle ändern zu können, muss der Kraftfluss zuerst über die Rücklaufachse geleitet werden. Leider können mit dem Stirnräder-Generator nur Zahnradpaare - bestehend aus maximal zwei Zahnrädern - konstruiert werden, daher sollen stattdessen vorgefertigte Zahnräder montiert werden, welche bereits im Downloadordner enthalten sind.

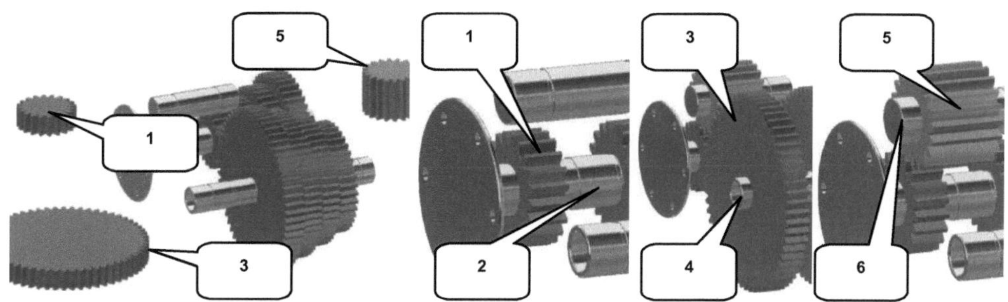

Platzieren Sie die Bauteile *Rückwärtsgang-Stirnzahnrad1.ipt*, *Rückwärtsgang-Stirnzahnrad2.ipt* und *Rückwärtsgang-Stirnzahnrad3.ipt* aus dem Projektordner und legen Sie sie jeweils einmal in der Baugruppe frei ab. Setzen Sie anschließend drei axiale **Abhängigkeiten**: Zahnrad1 (1) soll auf der Antriebswelle (2) befestigt werden, Zahnrad2 (3) soll auf der Abtriebswelle (4) befestigt werden und Zahnrad3 (5) auf der Rücklaufachse (6).

Alle drei Zahnräder sind im Anschluss daran mit einer fluchtenden **Abhängigkeit** zur markierten Seitenfläche der Antriebswelle (7) zu positionieren.

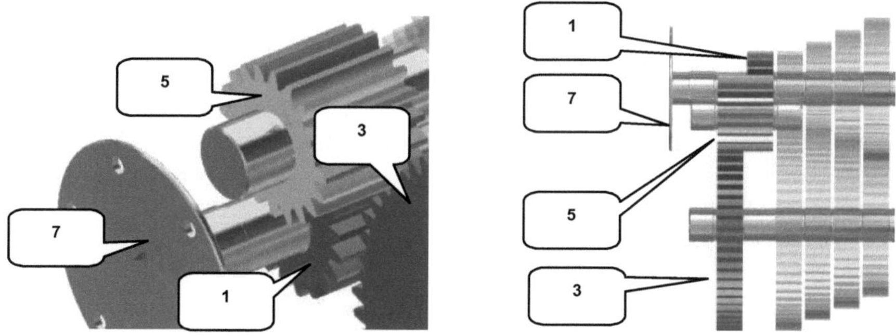

Das Zahnrad auf der Antriebswelle (1) soll einen Versatz von *-45 mm* zur Seitenfläche (7) erhalten und die beiden Zahnräder (3, 5) sind jeweils mit einem Versatz von *-28 mm* anzuordnen (siehe Abbildung). *Speichern* Sie die Baugruppe danach.

7.5.5 Wellen und Zahnräder mit Bewegungsabhängigkeiten versehen

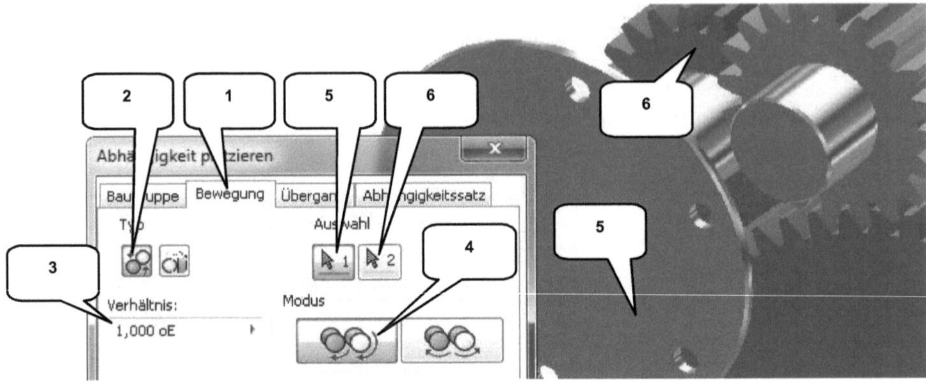

Nachdem alle Stirnräder in die Baugruppe eingefügt wurden, sollen Bewegungsabhängig-keiten ihre Drehbewegungen synchronisieren. Zuerst sind die Zahnräder der Antriebswelle mit dieser fest zu verbinden.

Starten Sie dafür den Befehl ⬛ **Abhängig machen** in der Befehlsgruppe *Zusammenfü-gen* und aktivieren Sie dort das Register *Bewegung* (1). Wählen Sie den Typ 🔩 *Drehung* (2), tragen Sie ein Verhältnis von *1:1* (3) ein und aktiveren Sie den Modus ◯◯ *Vorwärts* (4). Für die *Auswahl 1* soll die markierte Fläche der Antriebswelle (5) gewählt werden. Für die *Auswahl 2* die Seitenfläche des markierten Zahnrades (6).

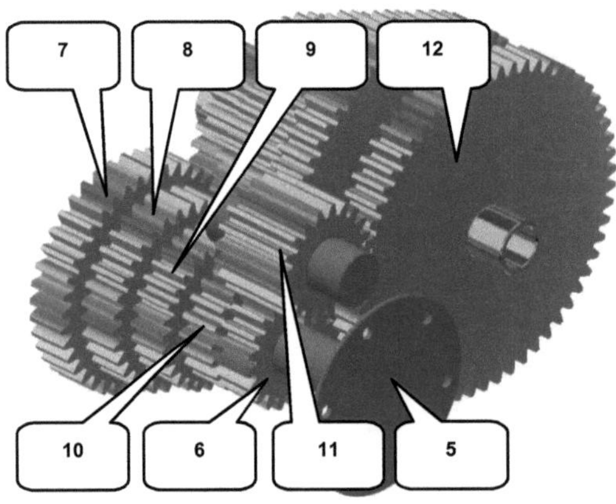

Bestätigen Sie den Befehl mit ⬛ *An-wenden* und wiederholen Sie die Befehls-kette bei den restlichen vier Zahnrädern der Antriebswelle (7...10). Die Referenz der *Auswahl 1* bleibt dabei immer dieselbe (Seitenfläche der Antriebswelle). Als Refe-renz der *Auswahl 2* ist jeweils die Seiten-fläche des zu verbindenden Zahnrades auszuwählen.

Wurden alle Zahnräder der Antriebswelle mit dieser verbunden, sollte die Welle (5) bei gedrückter linker Maustaste bewegt werden: Die Zahnradpaare sollten sich jetzt auch bewegen.

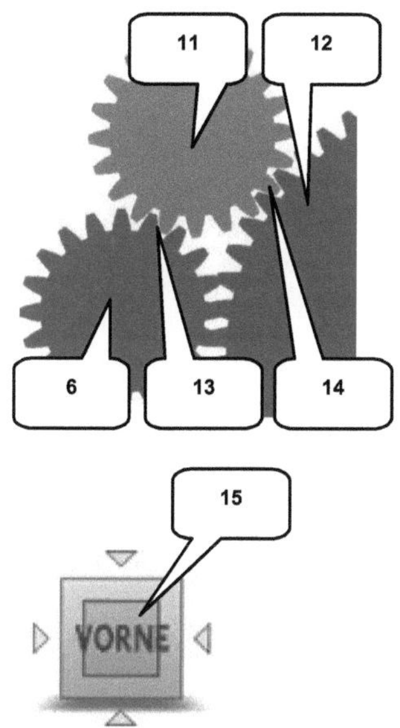

Um die Zahnräder des Rückwärtsganges miteinander zu verbinden, sollten sie zur besseren Ansicht vorab isoliert werden.

Markieren Sie die drei Zahnräder (6), (11) und (12) und isolieren Sie sie (*rechte Maustaste* > *Isolieren*).

Wechseln Sie am *ViewCube* zur Ansicht *VORNE* (15), zoomen Sie an die Schnittstelle der beiden kleinen Zahnräder (Position 13) sehr dicht heran und drehen Sie die Zahnräder, bis ihre Zähne (6) und (11) kollisionsfrei ineinandergreifen. Bewegen Sie anschließend auch das Zahnrad (12), bis dessen Zähne kollisionsfrei mit denen des Zahnrades (11) ineinandergreifen (14).

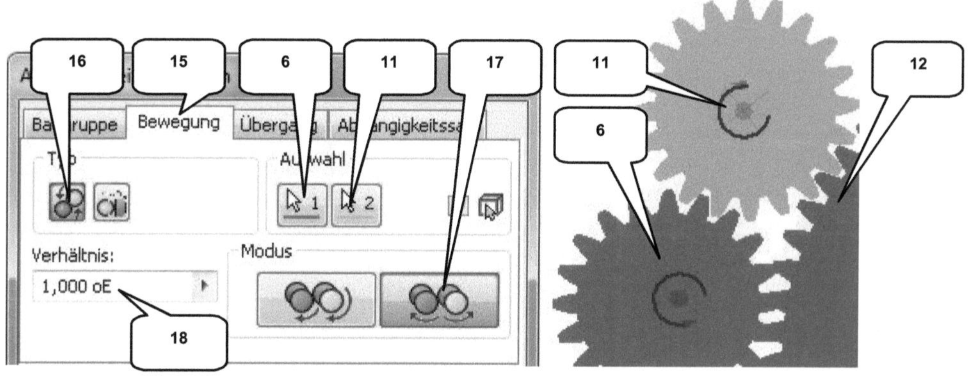

Starten Sie den Befehl **Abhängig machen** im Register *Bewegung* (15) und verbinden Sie die beiden Zahnräder (6) und (11) miteinander. Verwenden Sie den Typ *Drehung* (16), den Modus *Rückwärts* (17) und das Übersetzungsverhältnis *1:1* (18) und bestätigen Sie die Eingaben durch Anwenden *Anwenden*.

Setzen Sie eine weitere Bewegungsabhängigkeit zwischen den Zahnrädern (11) und (12). Verwenden Sie auch hier den Typ *Drehung* (19), den Modus *Rückwärts* (20), aber tragen Sie diesmal ein Übersetzungsverhältnis von *3:1* (21) ein. Der Befehl kann anschließend mit OK *OK* beendet werden.

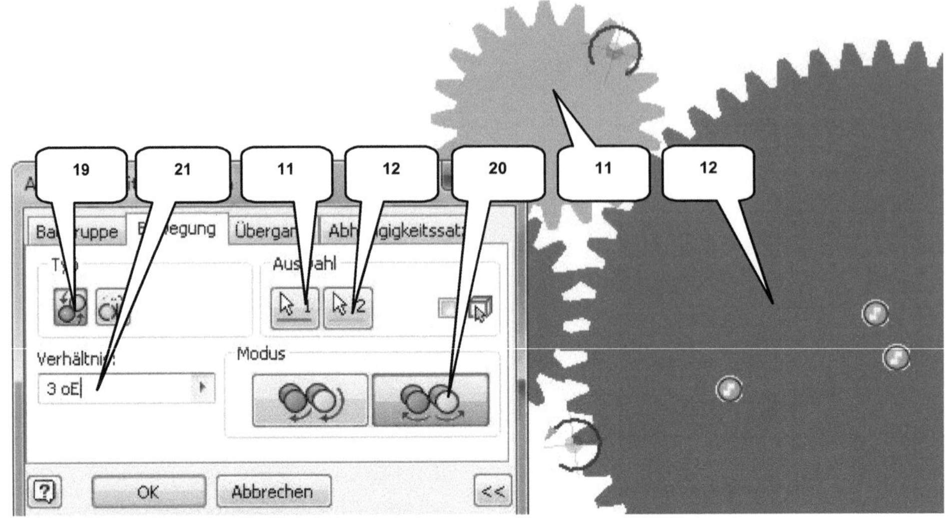

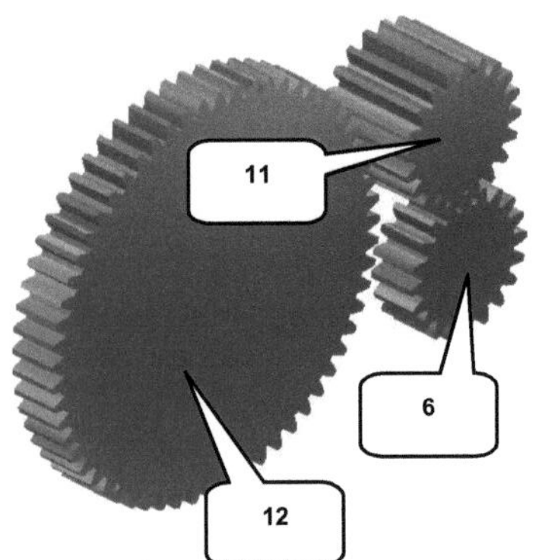

Drehen Sie eines der Zahnräder um die Bewegungsabhängigkeiten zu testen: die Zahnradpaare (6) und (11) sowie (11) und (12) sollten jeweils kollisionsfrei ineinandergreifen.

Die derzeit nicht sichtbaren Komponenten der Baugruppe können jetzt wieder eingeblendet werden: Markieren Sie hierfür im Browser alle grau dargestellten Komponentennamen (nicht das Bauteil *Motorradrahmen.ipt*), klicken Sie mit der *rechten Maustaste* darauf und wählen Sie die Option *Sichtbarkeit*.

Markieren Sie im Browser alle Stirnräder und weisen Sie ihnen die Farbe *Chrom-poliert-schwarz* zu.

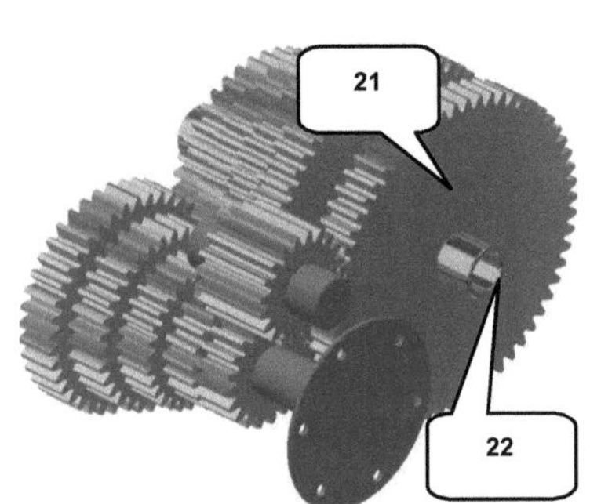

Auch die Abtriebswelle sollte jetzt mit einem der darauf angeordneten Zahnräder verbunden werden, was ebenfalls mit einer Bewegungsabhängigkeit umzusetzen ist.

Starten Sie dafür im Register *Bewegung* den Befehl *Abhängig machen*.

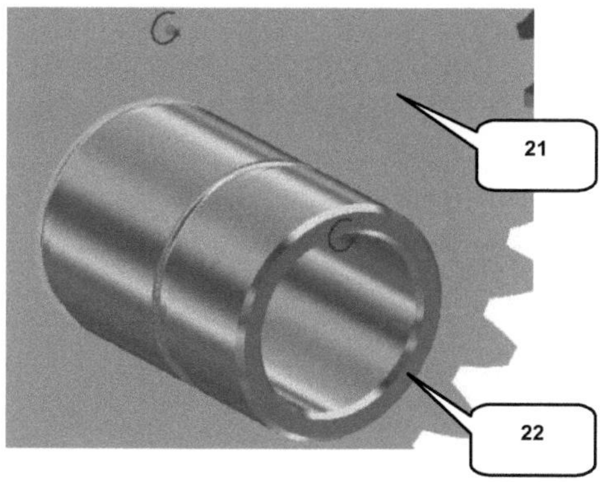

Aktivieren Sie den Typ 🔧 *Drehung*, den Modus 🔗 *Vorwärts*, und geben Sie ein Übersetzungsverhältnis von *1:1* ein. Als Referenz der *Auswahl 1* ist die Seitenfläche des markierenden Zahnrades (21) und als Referenz der *Auswahl 2* die Ringfläche der Abtriebswelle (22) zu verwenden.[16]

Speichern Sie die gesamte Baugruppe erneut.

7.6 Konstruktion des Kegelradgetriebes

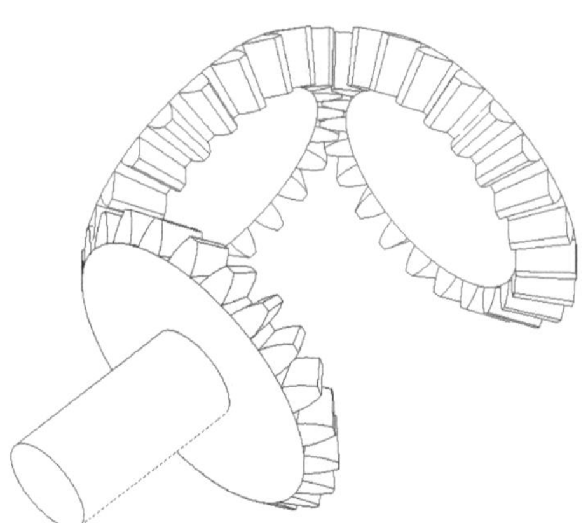

Durch die Abtriebswelle soll ja eine Rollenkette laufen, welche den Verbindungskeil bewegt, der Zahnrad und Abtriebswelle miteinander verbindet. Hierfür benötigt man ausreichend Platz an den Seiten der Welle, um die Kette, welche durch Kettenräder geführt wird, in die Welle hinein- und wieder hinausbewegen zu können.

Um den erhöhten Platzbedarf zu gewährleisten (und auch um die Drehrichtung der Ausgangswelle zu ändern), muss am Ende der Abtriebswelle ein zusätzliches Kegelradgetriebe (bestehend aus drei jeweils um 90° zueinander geneigten Kegelrädern) konstruiert werden.

---

[16] Im aktuellen Beispiel wurde die Abtriebswelle mit dem Zahnrad des Rückwärtsganges verbunden. Wenn Sie möchten, können Sie natürlich auch eines der Zahnräder der Vorwärtsgänge anstelle des Zahnrades des Rückwärtsganges verwenden. Allerdings sollte die Drehverbindung des Rückwärtsganges dann vorher wieder entfernt werden.

7.6.1 Achse und Lager zur Platzierung der Kegelräder erzeugen

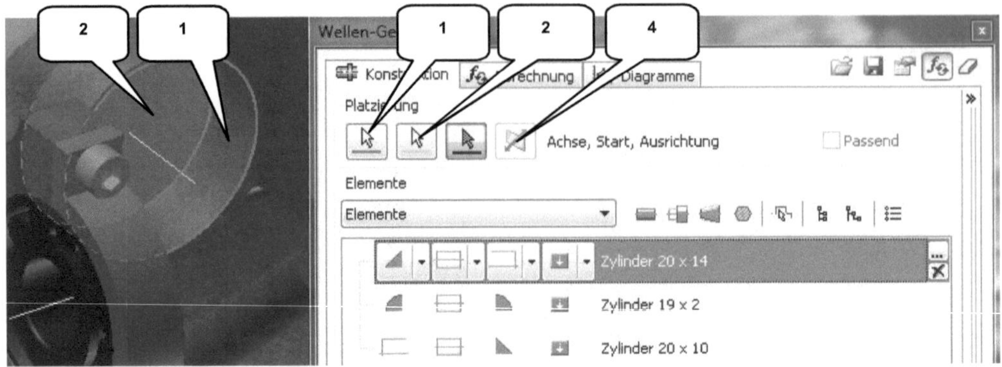

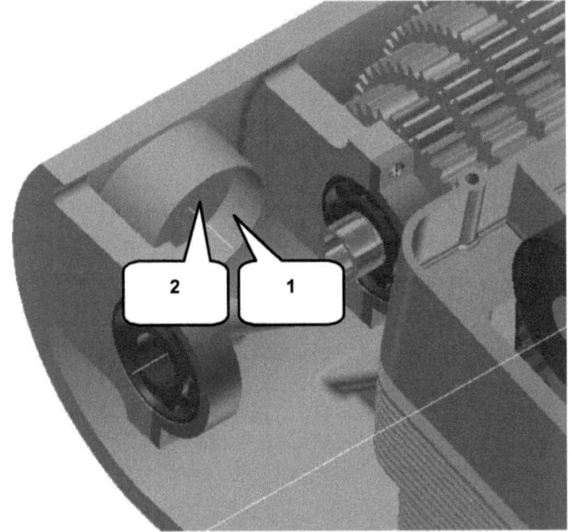

Bevor das Kegelradgetriebe konstruiert werden kann, muss die Baugruppe um eine weitere Achse und ein zusätzliches Wälzlager ergänzt werden.

Starten Sie den **Wellen-Generator**. Verwenden Sie als **Referenz** für die *zylindrische Fläche* die markierte Zylinderfläche (1) im Motorgehäuse und als **Referenz** für die *planare Startfläche* die markierte Fläche (2) im hinteren Teil des Getrieberaumes.

Erstellen Sie eine Achse aus drei Abschnitten und ergänzen Sie diese um zwei Fasen und zwei Rundungen.

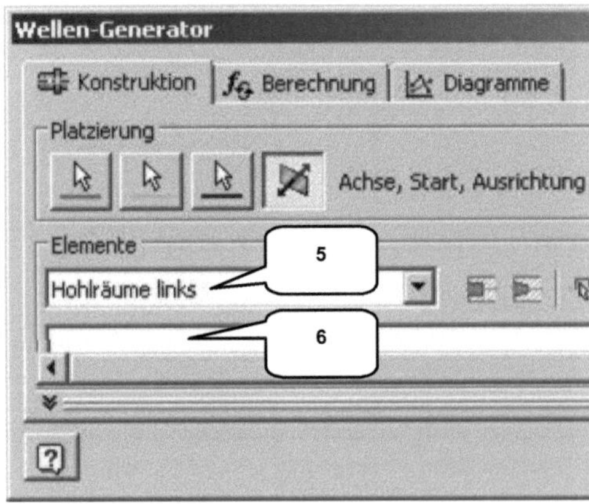

Die beiden **Fasen** sind mit der Option **Abstand** und einem Wert **0,5 mm** zu erstellen, die beiden **Rundungen** mit einem jeweiligen Radius **0,5 mm**.

Achten Sie auf die Ausrichtung der Achse: Sie muss - von der Startebene aus - in Richtung Getriebeinnenraum zeigen (3) (eine Korrektur wäre ggf. mit der Option **Seite umkehren** (4) möglich).

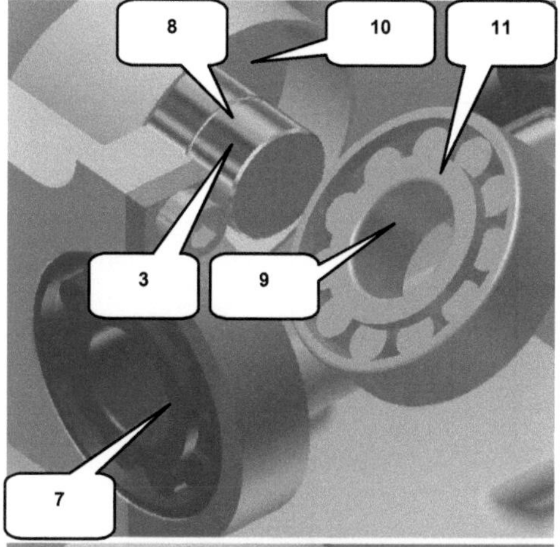

Stellen Sie sicher, dass in der Option **Hohl-räume links** (5) <u>keine</u> Durchgangsbohrung mehr aktiviert ist (6).

Bestätigen Sie den Befehl und weisen Sie der Achse die Farbe **Chrom-poliert-blau** zu.

Um die Achse zu führen, muss ein neues Wälzlager platziert werden. Markieren Sie das vorhandene Lager (7), kopieren Sie es und fügen Sie es ein weiteres Mal in die Baugruppe ein (**rechte Maustaste > Kopie-ren** und **rechte Maustaste > Einfügen**).

Setzen Sie zwei ⌐ **Abhängigkeiten**, um das neue Lager zu positionieren. Verbinden Sie hierfür die Achsen der beiden Zylinder-flächen (8) und (9) von Achse und Lager und die Flächen (10) und (11) von Lager und Getrieberaum. Das gewünschte Ergeb-nis ist in Abbildung (12) zu sehen.

Weisen Sie dem Lager die Farbe **Blau** zu und **speichern** Sie die Baugruppe.

7.6.2 Befehlsgrundlagen KEGELRÄDER-GENERATOR

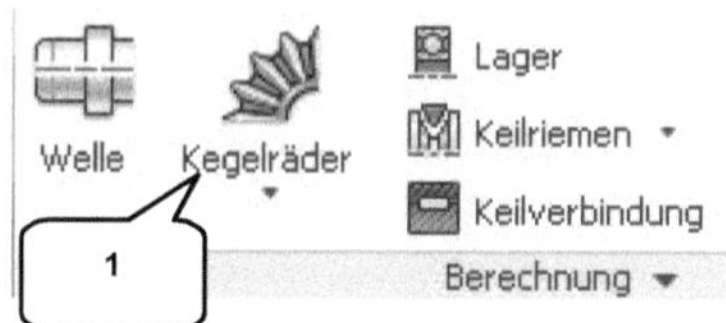

Der 🗇 Kegelräder-Generator (1) ist prinzipiell mit dem Stirnräder-Generator vergleichbar, weil die Vor-gehensweise bei der Berechnung ähnlich ist. Von der geometrischen Form einmal abgesehen, gibt es hier allerdings die Möglichkeit, die Kegelräder in einem zu definierendem Winkel zueinander anzuordnen.

7.6.2.1   Register KONSTRUKTION

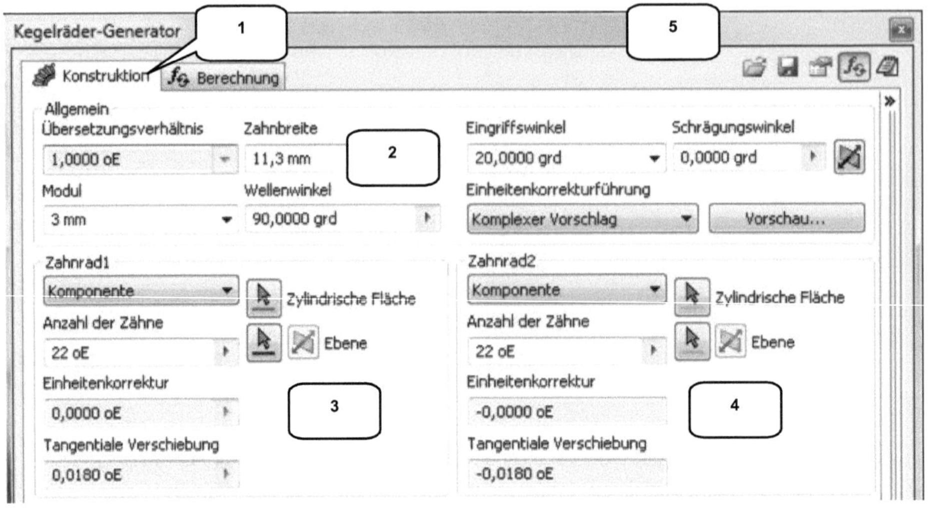

INHALT

Im Register **Konstruktion** werden alle Randbedingungen definiert und ggf. Vorgaben zur Positionierung der Kegelräder in der Baugruppe festgelegt.

OPTIONEN

1) Register: Konstruktion/ Berechnung

2) Allgemeine Grundeinstellungen

3) Geometrie Kegelrad 1

4) Geometrie Kegelrad 2

5) Berechnungswerte, Berechnung aktivieren/ deaktivieren, Dateibenennung aktivieren, Berechnungswerte zurücksetzen

7.6.2.2   Register BERECHNUNG

INHALT

Im Register **Berechnung** können die Methode der Festigkeitsberechnung, Belastungen der Kegelräder, Materialwerte und die erforderliche Gebrauchsdauer definiert werden. Als Berechnungsmethoden stehen die Optionen nach Bach, nach Merrit und diverse Kombinationen aus ANSI, DIN, ISO und CSN zur Verfügung.

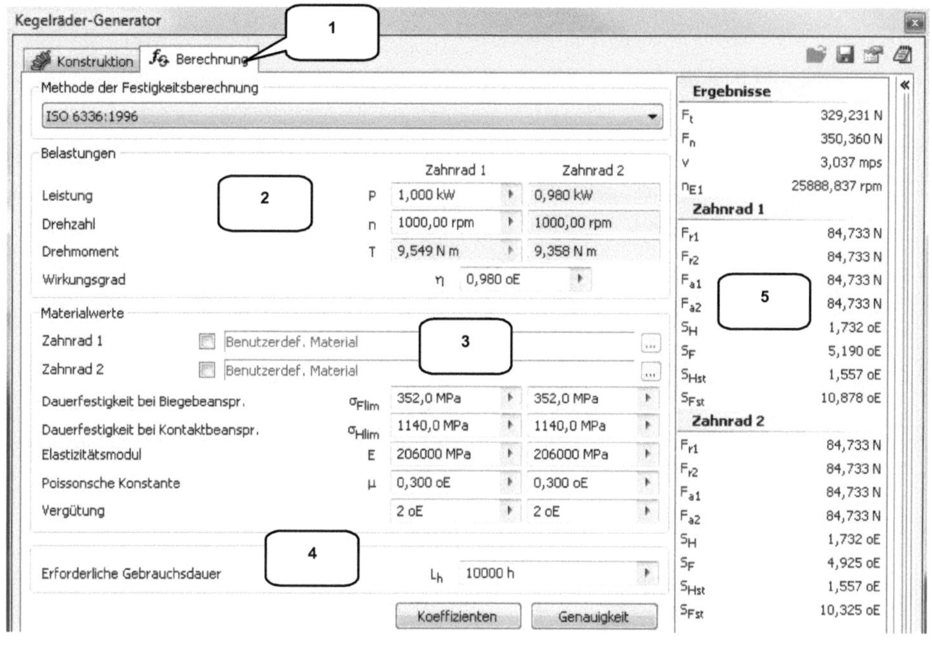

OPTIONEN

1) Register: Konstruktion/ Berechnung
2) Belastung
3) Material
4) Gebrauchsdauer
5) Ergebnisdarstellung

7.6.3   Konstruktion des Kegelradgetriebes

Übernehmen Sie alle Werte und Einstellungen der Abbildung (1), ⬚ Berechnen **berechnen** Sie die Ergebnisse und bestätigen Sie den Befehl dann mit ⬚ OK **OK**.

Legen Sie das Kegelradpaar vorerst frei im Zeichenbereich ab (2) und richten Sie es etwas aus. Hierfür muss die Kegelradbaugruppe markiert, die **Taste: G** gedrückt und beide Kegel-räder bei gedrückter linker Maustaste gedreht werden, bis in etwa die dargestellte Position (3) erreicht wurde. [17]

---

[17] Die Positionierung der Kegelräder könnte theoretisch bereits während des Befehls erfolgen. Da hierbei leider häufig Probleme auftreten (trotz korrekter Angabe der Referenzen werden die Kegelradpaare falsch platziert), ist der automatischen Positionierung besser eine manuelle Platzierung (Befehl **Abhängig machen**) vorzuziehen.

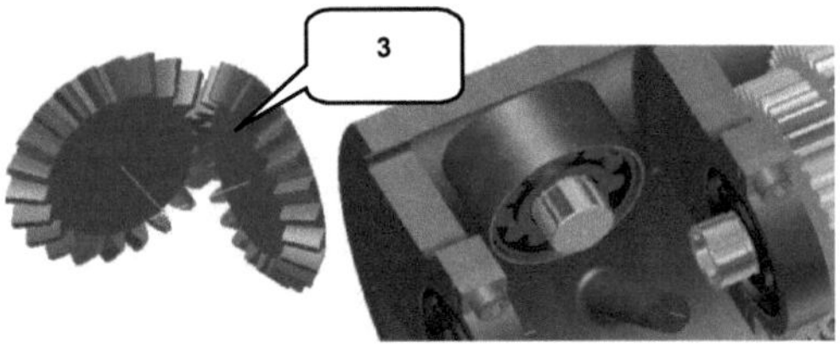

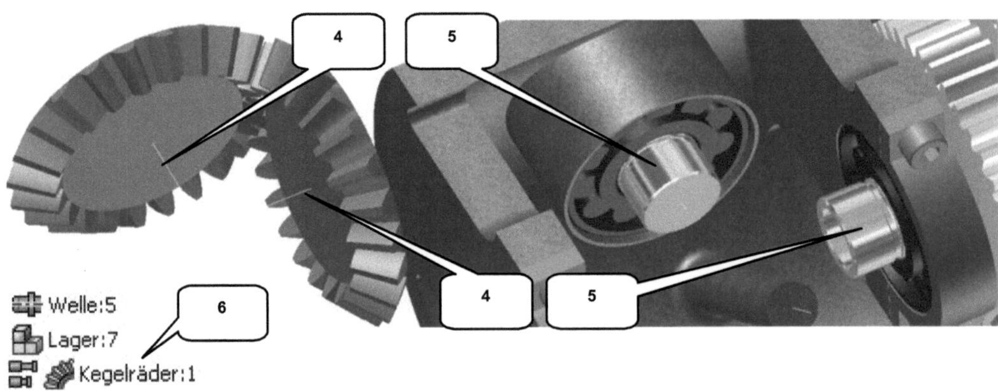

Um die Kegelräder axial auf Welle und Achse zu positionieren, soll der Befehl ⌐ **Abhängig machen** gestartet werden. Erstellen Sie axiale Abhängigkeiten zwischen den markierten Achsen der Kegelräder (4) und den Mantelflächen von Welle und Achse (5).

Testen Sie die Beweglichkeit des Stirnradpaares. Sollten sich die Stirnräder nicht drehen lassen, muss dies korrigiert werden (*rechte Maustaste* auf *Kegelräder:1* (6) im Browser > *Flexibel* aktivieren).

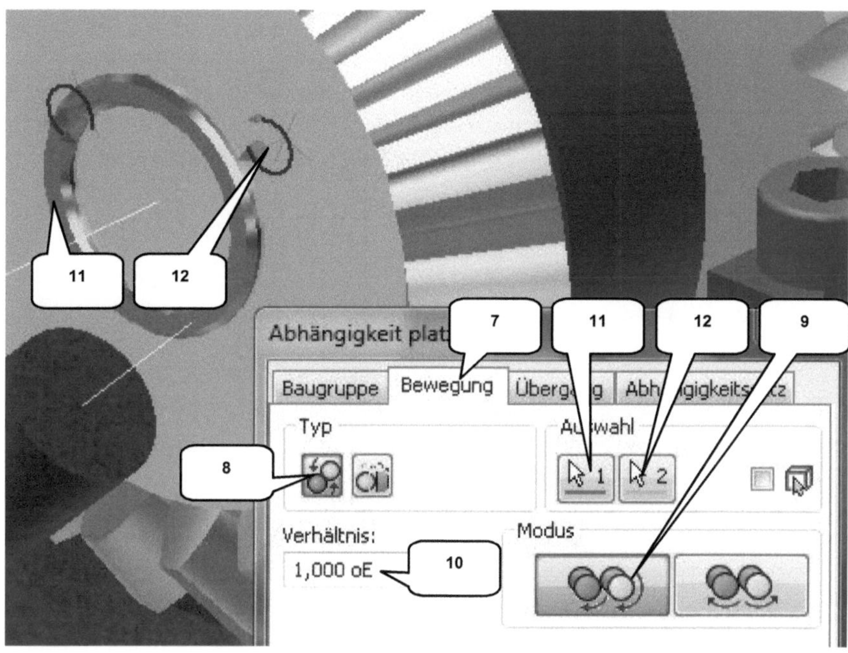

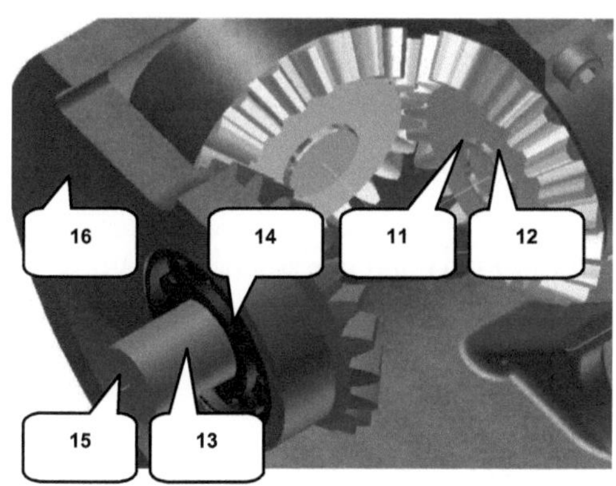

Das Kegelradgetriebe muss jetzt noch mit Bewegungsabhängigkeiten versehen werden.

Starten Sie den Befehl **Abhängig machen**, aktivieren Sie das Register *Bewegung* (7) und darin den Typ *Drehung* (8), dann den Modus *Vorwärts* (9) und tragen Sie das Übersetzungsverhältnis *1:1* (10) ein. Für die *Auswahl 1* ist die schmale Ringfläche der Abtriebswelle (11) zu wählen und für die *Auswahl 2* die Seitenfläche des markierten Kegelrades (12).

Platzieren Sie das Bauteil *Abtrieb-Kegelrad-außen.ipt* aus dem Projektordner und legen Sie es einmal frei im Zeichenbereich ab.

Zu ihrer Positionierung sollten zwei Abhängigkeiten erzeugt werden: Die Welle des neu eingefügten Kegelrades (13) muss axial mit der Zylinderfläche des markierten Lagers (14) verbunden werden. Die Stirnseite des Wellenzylinders (15) soll fluchtend zur markierten Seitenfläche des Getriebes (16) positioniert, und in einem Abstand von **-22 mm** dazu angeordnet werden[18].

Vor dem Setzen einer Bewegungsabhängigkeit zwischen dem zuletzt eingefügten Kegelrad und den beiden anderen, muss das einzelne Kegelrad ausgerichtet werden. Markieren Sie alle drei Kegelräder und isolieren Sie sie (*rechte Maustaste* > *Isolieren*).

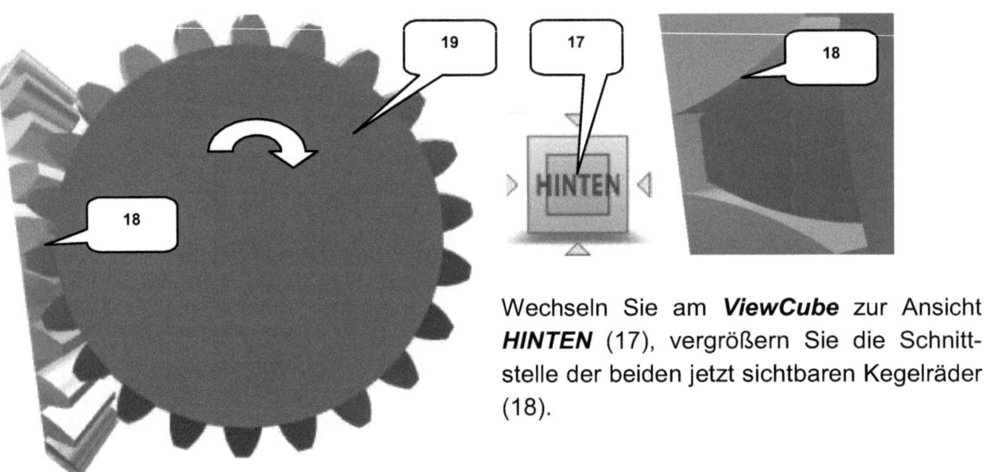

Wechseln Sie am **ViewCube** zur Ansicht **HINTEN** (17), vergrößern Sie die Schnittstelle der beiden jetzt sichtbaren Kegelräder (18).

Drehen Sie das Kegelrad (19) etwas, bis die Zähne beider Kegelräder kollisionsfrei ineinandergreifen. Das Kegelrad (19) darf danach nicht mehr bewegt werden! Drehen Sie die gesamte Ansicht etwas, um eine Bewegungsabhängigkeit zwischen den beiden ausgerichteten Kegelrädern zu erzeugen. Starten Sie hierfür den Befehl **Abhängig machen**.

Im Register **Bewegung** (20) sind der Typ **Drehung** (21) und der Modus **Vorwärts** (22) zu aktivieren und ein Übersetzungsverhältnis **1:1** (23) ist einzutragen. Als Referenzflächen sind die Kegelradflächen (24) und (25) zu verwenden. Im Anschluss daran können alle drei Kegelräder mit der Farbe **Chrom-poliert-schwarz** versehen werden.

Beenden Sie die Isolierung (*rechte Maustaste* > *Isolieren rückgängig*) und **speichern** Sie die Baugruppe abschließend.

---

[18] Die Welle des zuletzt eingefügten Kegelrades (13) müsste jetzt aus dem Getrieberaum herausragen. Andernfalls ist der Abstand der fluchtenden Abhängigkeit auf **+22 mm** zu korrigieren!

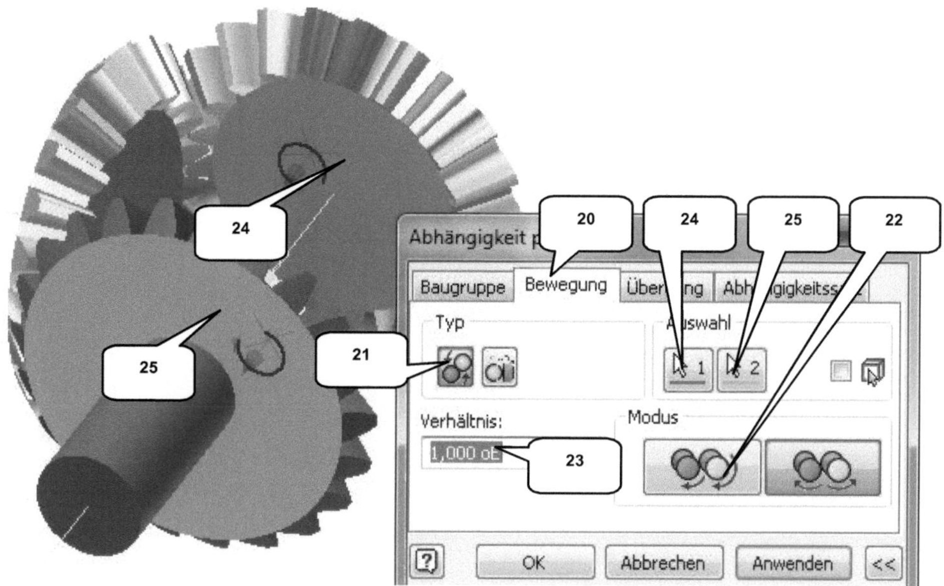

8 Rollenketten

8.1 Rollenketten erzeugen

Rollenketten werden häufig verwendet, weil Sie aufgrund ihrer hohen Stabilität große Kräfte bei kleinster Bauweise übertragen können. Im aktuellen Übungsbeispiel sollen insgesamt zwei Rollenketten konstruiert werden: Die erste Kette wird die Kraftübertragung von der Kurbelwelle auf das Getriebe gewährleisten und muss daher stabil ausgeführt werden. Die zweite Kette wird axial durch die Abtriebswelle verlaufen, um dort den Verbindungskeil zu bewegen. Aufgrund ihrer geringen Beanspruchung kann sie wesentlich filigraner ausfallen.

8.1.1 Befehlsgrundlagen ROLLENKETTEN-GENERATOR

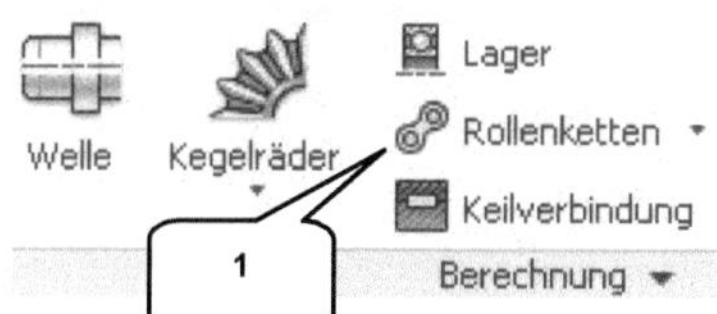

Mit dem Rollenketten-Generator (1) können Kettenantriebe, bestehend aus Rollenkette, Kettenrädern und Spannrollen, berechnet und konstruiert werden.

Die Positionierung kann bereits aus dem Befehl heraus und anhand vorhandener geometrischer Elemente vorgenommen werden.

8.1.1.1 Register KONSTRUKTION

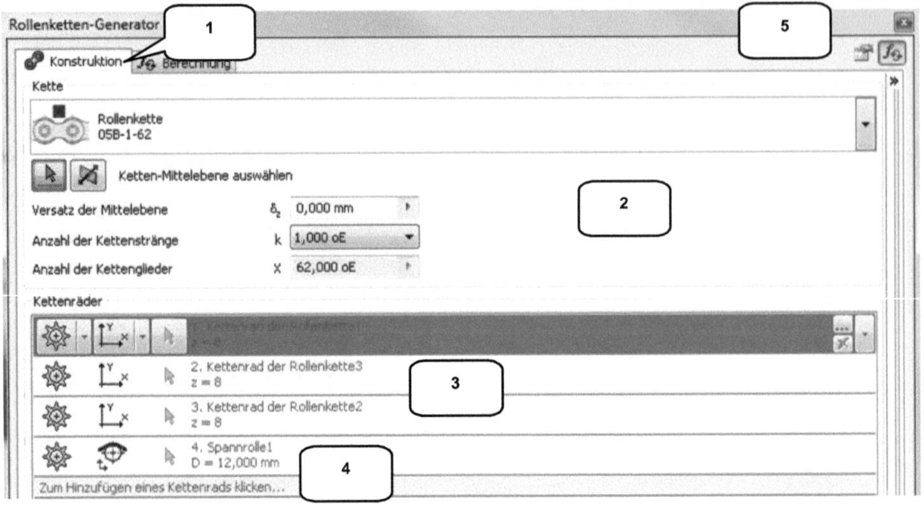

INHALT

Im Register **Konstruktion** wird der Kettentyp gewählt, neue Kettenräder und Spannrollen werden erzeugt und ggf. auf vorhandene geometrische Referenzen der Baugruppe platziert.

OPTIONEN

1) Register: Konstruktion/ Berechnung
2) Kettentyp, Anzahl Kettenstränge, Kettenantrieb positionieren
3) Kettenräder/ Spannrollen bearbeiten

4) Neue Kettenräder/ Spannrollen erzeugen
5) Dateibenennung und Berechnung aktivieren/ deaktivieren

8.1.1.2 Register BERECHNUNG

INHALT

Das Register **Berechnung** ermöglicht die Verwaltung der Arbeitsbedingungen, Ketteneigenschaften und weiterer Randbedingungen.

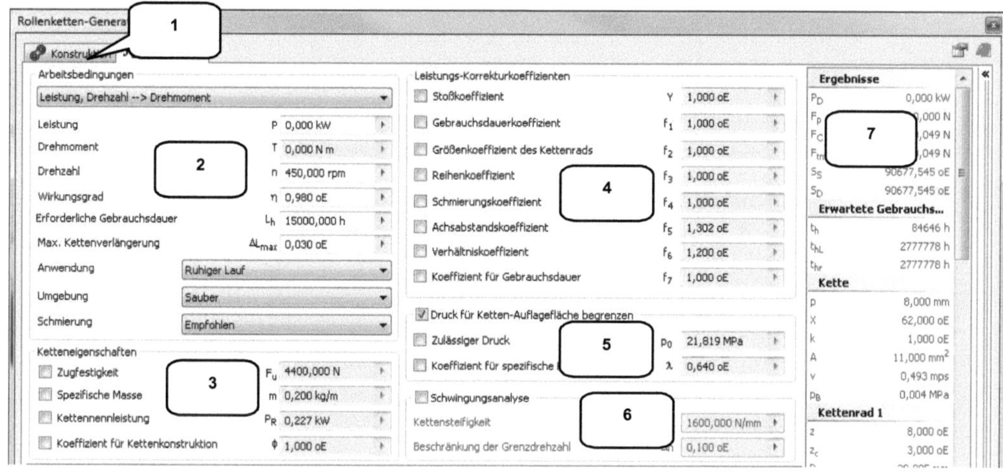

OPTIONEN

1) Register: Konstruktion/ Berechnung
2) Berechnungstyp, Arbeitsbedingungen
3) Ketteneigenschaften
4) Leistung-Korrekturkoeffizienten

5) Auflageflächendruck
6) Schwingungsanalyse
7) Ergebnisberechnung

8.1.2 Konstruktion der Antriebskette

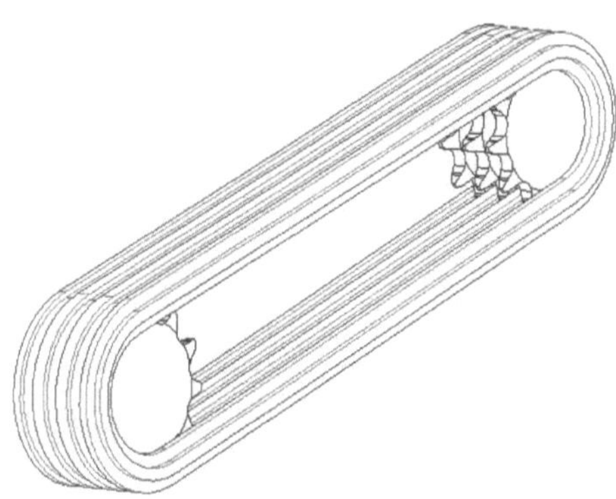

Kettenantriebe bestehen aus Rollenketten, Kettenrädern und Kettenspannern. Sie sind wartungsarm, langlebig, weniger geräuscharm als z. B. Zahnriemenantriebe und unterliegen regelmäßigen Wartungsintervallen.

Je höher die Belastung einer **Antriebskette** ist, desto stabiler muss sie konstruiert werden, was u. a. durch eine höhere Anzahl an Kettensträngen erreicht werden kann. Im vorliegenden Beispiel sollen drei Kettenstränge verwendet werden.

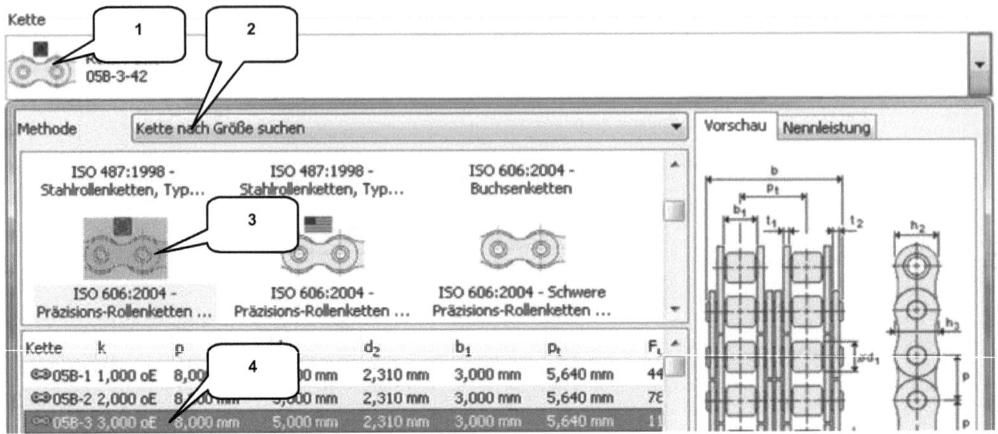

Klicken Sie auf das ⚙ **Kettensymbol** (1) um den Kettentyp auszuwählen. Im neu geöffneten Auswahlfenster soll die Option **Kette nach Größe suchen** (2) aktiviert sein. Wählen Sie den Kettentyp **ISO 606:2004 – Präzisions-Rollenketten mit kurzer Teilung (EU)** (3), aktivieren Sie in der darunterliegenden Tabelle die Zeile **05B-3** (4) und bestätigen Sie die Auswahl durch einen Klick auf das ☑ **Symbol**.

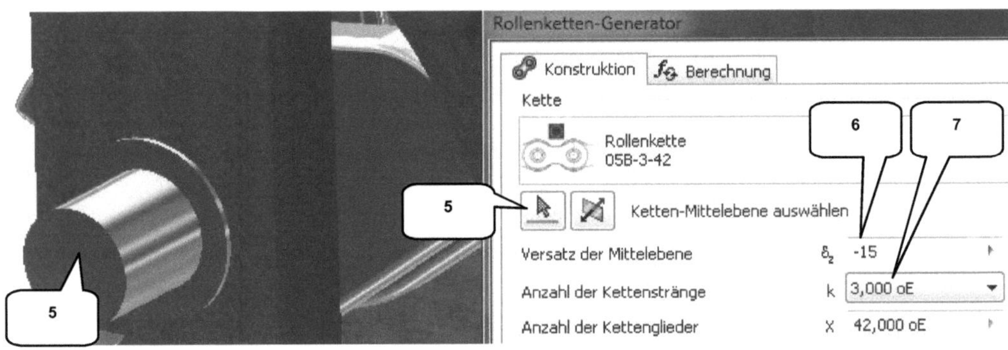

Drehen Sie die gesamte Ansicht auf die Seite der Kupplung (**ViewCube-Ansicht: VORNE**) und wählen Sie als ▶ **Referenz** für die **Ketten-Mittelebene** die markierte Seitenfläche der Kurbelwelle (5).

Im Eingabefeld **Versatz der Mittelebene** (6) ist der Wert **-15 mm** einzutragen. Im Bereich **Anzahl der Kettenstränge** sollte der Wert **3** (7) bereits voreingestellt sein, was allerdings zu kontrollieren ist. Die **Anzahl der Kettenglieder** wird vom Programm automatisch berechnet und muss daher nicht vorgegeben werden.

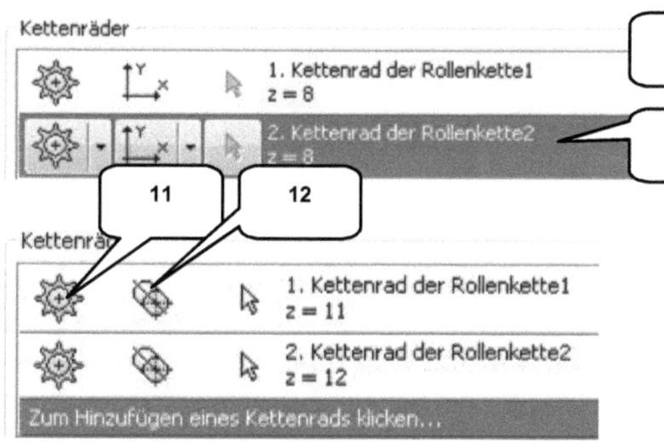

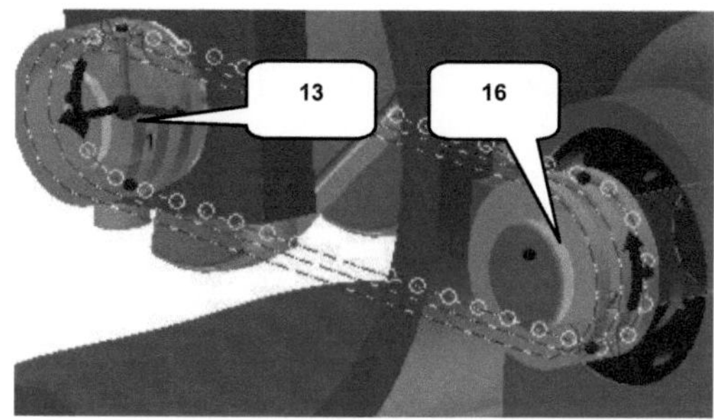

Im Fenster **Kettenräder** (8) sollten, je nach Voreinstellung des Programms, bereits zwei Zeilen angezeigt werden. Sollten es mehr sein, entfernen Sie alle bis auf die ersten beiden (um eine Zeile zu löschen muss sie zuerst aktiviert werden, um danach auf das Symbol ✖ **Löschen** (9) klicken zu können).

Die beiden ersten (nicht gelöschten) Kettenräder sollten als Typ **Kettenrad der Rollenkette** (10) vorgegeben sein. Starten Sie mit der Bearbeitung des ersten Kettenrades, indem Sie zuerst links in der ⚙ **Kettenrad-Geometrie** (11) die Option ⚙ **Komponente** aktivieren (gelbes Zahnrad-Symbol). Rechts daneben ist die ⚙ **Feste Position über ausgewählte Geometrie** (12) auszuwählen (gelbes, zylindrisches Symbol). Für die geometrische ⬚ **Referenz** des ersten Kettenrades ist die Zylinderfläche der Kurbelwelle (13) zu verwenden.

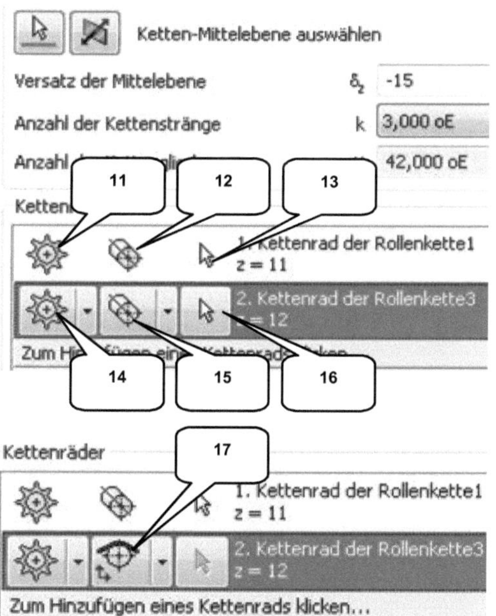

Für das zweite Kettenrad sind ebenfalls die beiden Einstellungen ⚙ **Komponente** (14) und ⚙ **Feste Position über ausgewählte Geometrie** (15) zu übernehmen. Als ⬚ **Referenz** ist diesem Kettenrad die Mantelfläche der Kupplungswelle (16) zuzuweisen. Die Option ⚙ **Feste Position über ...** des zweiten Kettenrades muss anschließend auf ⚙ **Frei verschiebbare Position** (17) geändert werden.

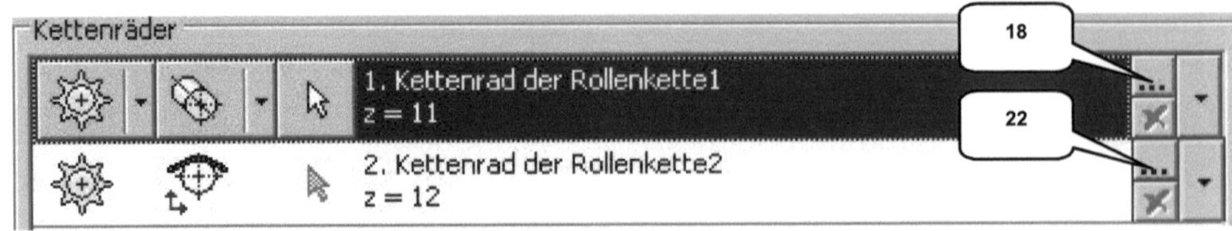

Aktivieren Sie die Zeile des ersten Kettenrades und starten Sie dessen **... Bearbeitung** (18). Aktivieren Sie die Option **Bewegung im Uhrzeigersinn** (19) und geben Sie für die Anzahl der Zähne den Wert **11** (20) ein. Wählen Sie die **Theoretische Zahnform** (21) und bestätigen Sie die Eingaben anschließend mit **OK** **OK**.

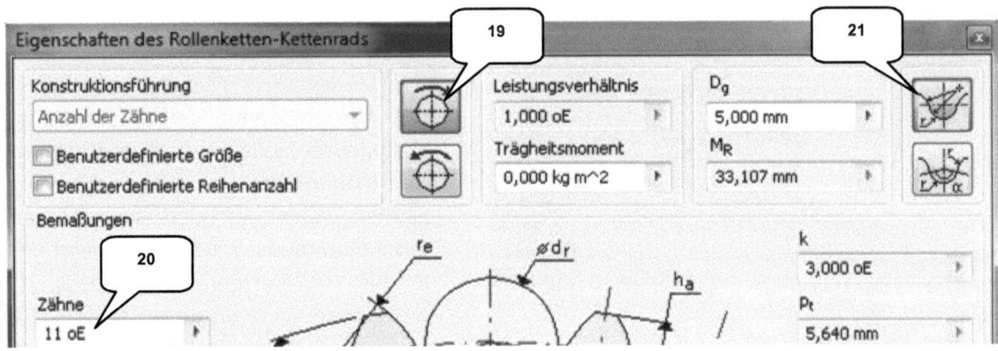

Starten Sie die **... Bearbeitung** (22) des zweiten Kettenrades und wählen Sie die Konstruktionsführung **Anzahl der Zähne** (23). Aktivieren Sie auch hier die Option **Bewegung im Uhrzeigersinn** (24) und geben Sie für die Anzahl der Zähne den Wert **12** (25) ein. Wählen Sie die **Theoretische Zahnform** (26) und beenden Sie die Bearbeitung des Zahnrades mit **OK** **OK**. Wechseln Sie im Anschluss daran ins Register **f₆ Berechnung Berechnung**, starten Sie die **Berechnen Berechnung** und bestätigen Sie die Eingaben abschließend mit **OK** **OK**. Die Baugruppe sollte jetzt **gespeichert** werden.

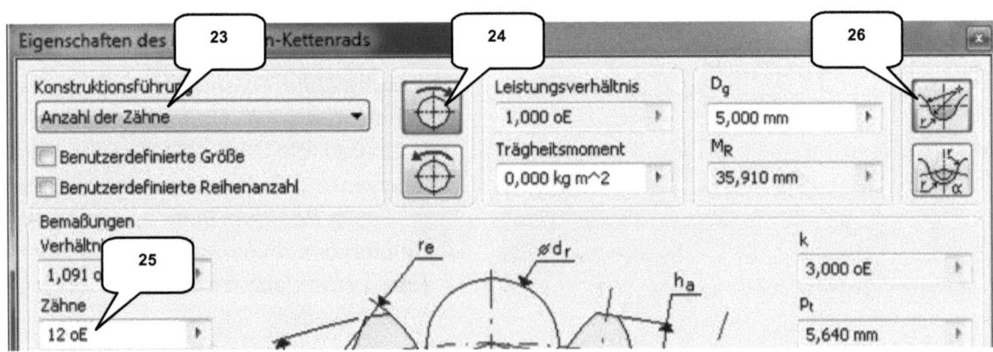

8.1.3 Kettenantrieb mit Bewegungsabhängigkeiten versehen

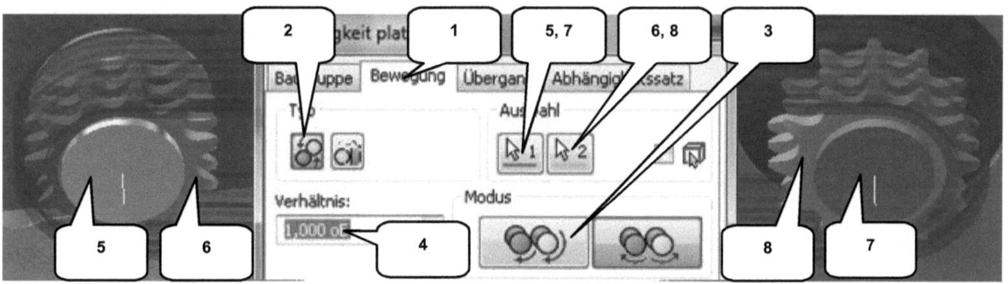

Auch Kettenantriebe werden vom Programm nicht automatisch als flexible Baugruppen erzeugt, was später korrigiert werden muss. Markieren Sie den Kettenantrieb und aktivieren Sie im Kontextmenü der **rechten Maustaste** die Option **Flexibel**.

Um den Antrieb der Rollenkette zu gewährleisten und die Kupplung mit dem Getriebe verbinden zu können, muss auch hier eine Bewegungsabhängigkeit erzeugt werden. Starten Sie den Befehl **Abhängig machen** und öffnen Sie das Register **Bewegung** (1). Aktivieren Sie den Typ **Drehung** (2), den Modus **Vorwärts** (3), das Übersetzungsverhältnis **1:1** (4) und erzeugen Sie eine Bewegungsabhängigkeit zwischen der Kurbelwelle (5) und dem darauf angeordneten Kettenrad (6). Wiederholen Sie den Befehl und erzeugen Sie eine weitere Bewegungsabhängigkeit zwischen der Kupplung (7) und dem darauf angeordneten Kettenrad (8). Weder der Kurbeltrieb noch das Getriebe dürften sich jetzt noch per Hand drehen lassen. Der Grund dafür ist eine Winkelabhängigkeit der Nockenwelle.

8.1.4 Animation des gesamten Bewegungsapparates

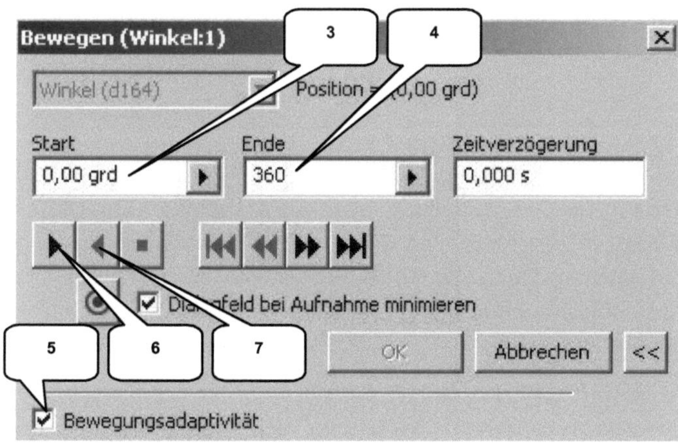

Diese Winkelabhängigkeit eröffnet uns allerdings eine andere Möglichkeit, denn der gesamte Mechanismus der Baugruppe (Nockenwelle, Kurbelwelle, Kolben, Ventile, Getriebewellen, Stirnradpaare und das Kegelradgetriebe) kann anhand dieser Anhängigkeit animiert werden.

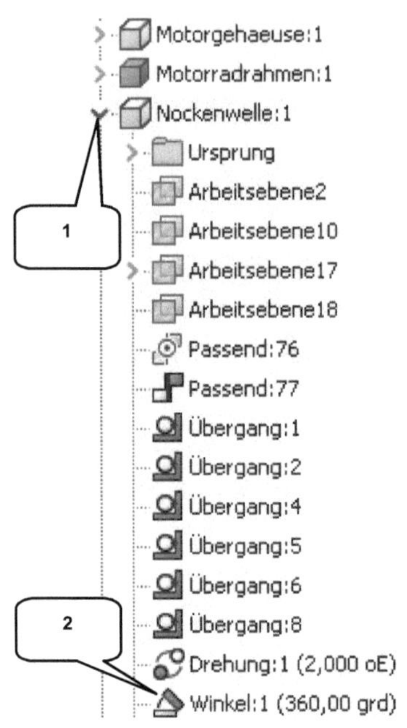

Erweitern Sie im Browser das Bauteil **Nockenwelle.ipt** (1) und klicken Sie mit der **rechten Maustaste** auf die enthaltene **Winkelabhängigkeit** (2), um im Kontextmenü die Option **Bewegen** zu aktivieren.

Im jetzt geöffneten Eingabefenster sollen Startwinkel (**0°**) (3) und Endwinkel (**360°**) (4) eingetragen und die Option **Bewegungsadaptivität** (5) aktiviert werden. Die Animation kann jetzt mit ▶ **Vorwärts** (6) oder ◀ **Rückwärts** (7) gestartet werden.

Der gesamte Mechanismus sollte sich jetzt bewegen[19].

War die Animation erfolgreich, so kann der Befehl anschließend wieder beendet und die Baugruppe danach **gespeichert** werden.

8.1.5 Konstruktion der Rollenkette für die Gangschaltung

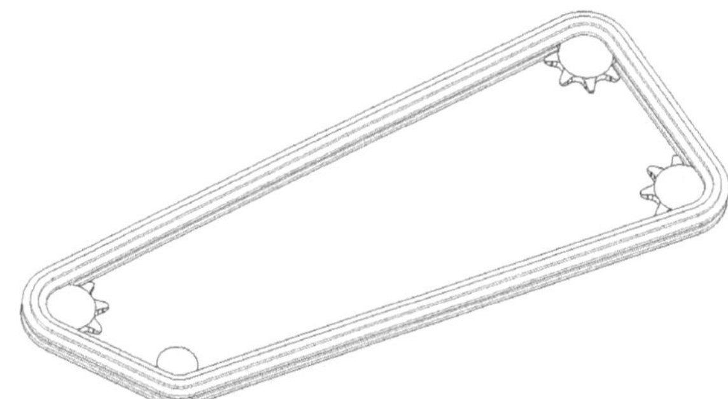

Die Konstruktion der **Rollenkette** für die Gangschaltung ist etwas komplexer: Obwohl sie weitaus filigraner zu konstruieren ist, müssen hier - im Gegensatz zur Antriebskette - vier statt zwei Kettenräder verwendet werden. Denn die Kette muss durch die Hohlwelle und durch das Getriebe geführt werden können, ohne dabei mit den anderen Komponenten (z. B. den Zahnrädern) zu kollidieren.

---

[19] Leider gibt es bei Animationen derart komplexer Systeme oftmals **Probleme** und der Bewegungsablauf wird mit einer Fehlermeldung gestoppt. In diesem Fall sollten insbesondere die **Übergangsabhängigkeiten** zwischen den Ventilen und der Nockenwelle überprüft und gegebenenfalls temporär unterdrückt werden.

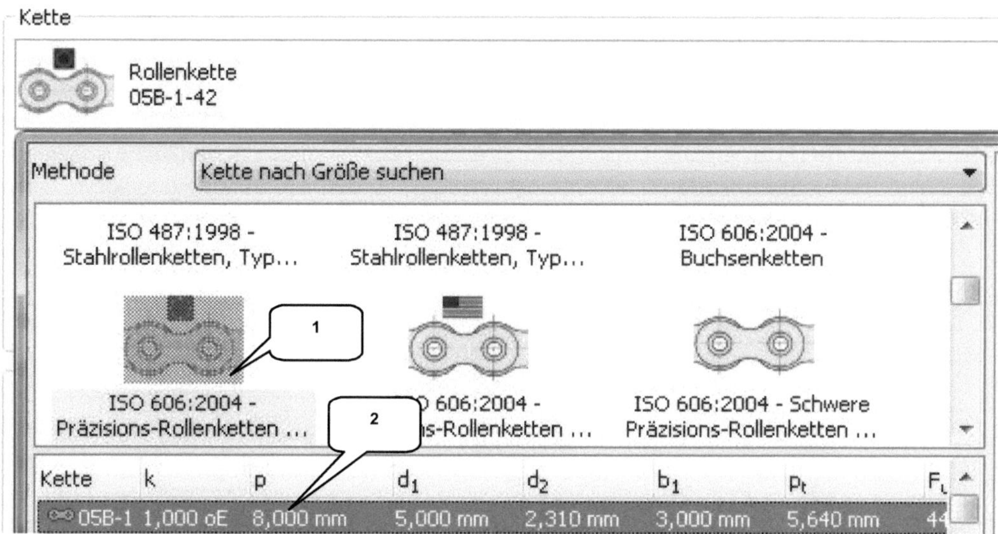

Starten Sie den ✐ **Rollenketten-Generator** und wählen Sie den ☷ *Kettentyp ISO 606:2004 – Präzisions-Rollenketten mit kurzer Teilung (EU)* (1). Aktivieren Sie in der darunterliegenden Tabelle (erste Zeile) den Typ *05B-1* (2) und ☑ *beenden* Sie die Eingaben im Anschluss daran.

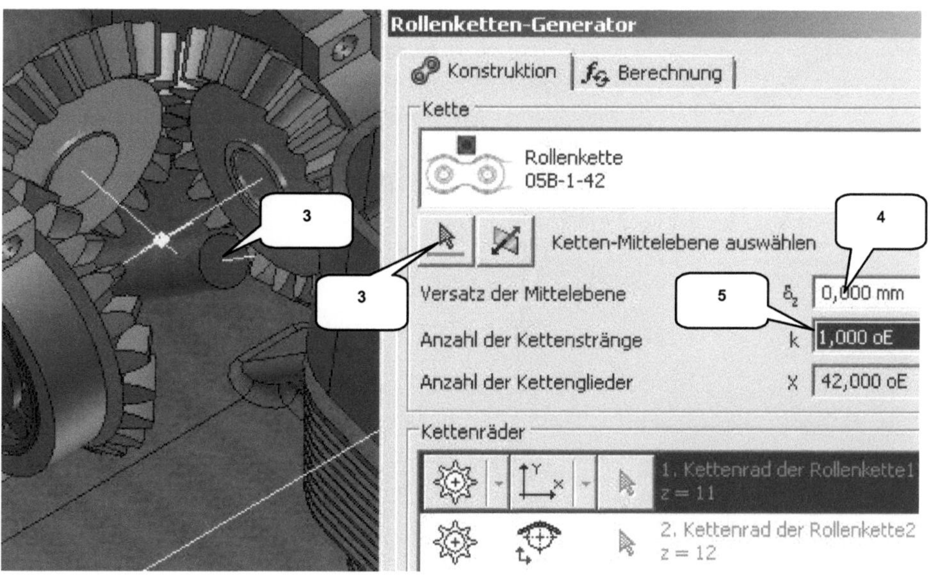

Als ⊾ *Ketten-Mittelebene* ist die markierte Stirnfläche des Zylinders im Getrieberaum (3) zu verwenden. Der *Versatz der Mittelebene* soll *0 mm* (4) und die *Anzahl der Kettenstränge 1* betragen (5). Zwei Kettenräder sollten bereits voreingestellt sein. Aktivieren Sie die Option *Zum Hinzufügen eines Kettenrades klicken…* (6), um ein drittes *vorhandenes Kettenrad der Rollenkette* (7) zu erstellen. Mit einem erneuten Klick auf diese Schaltfläche soll außerdem eine *flache Spannrolle* (8) hinzugefügt werden. Wurden alle Schritte erledigt, müssten jetzt insgesamt drei Kettenräder plus Spannrolle zu sehen sein (9).

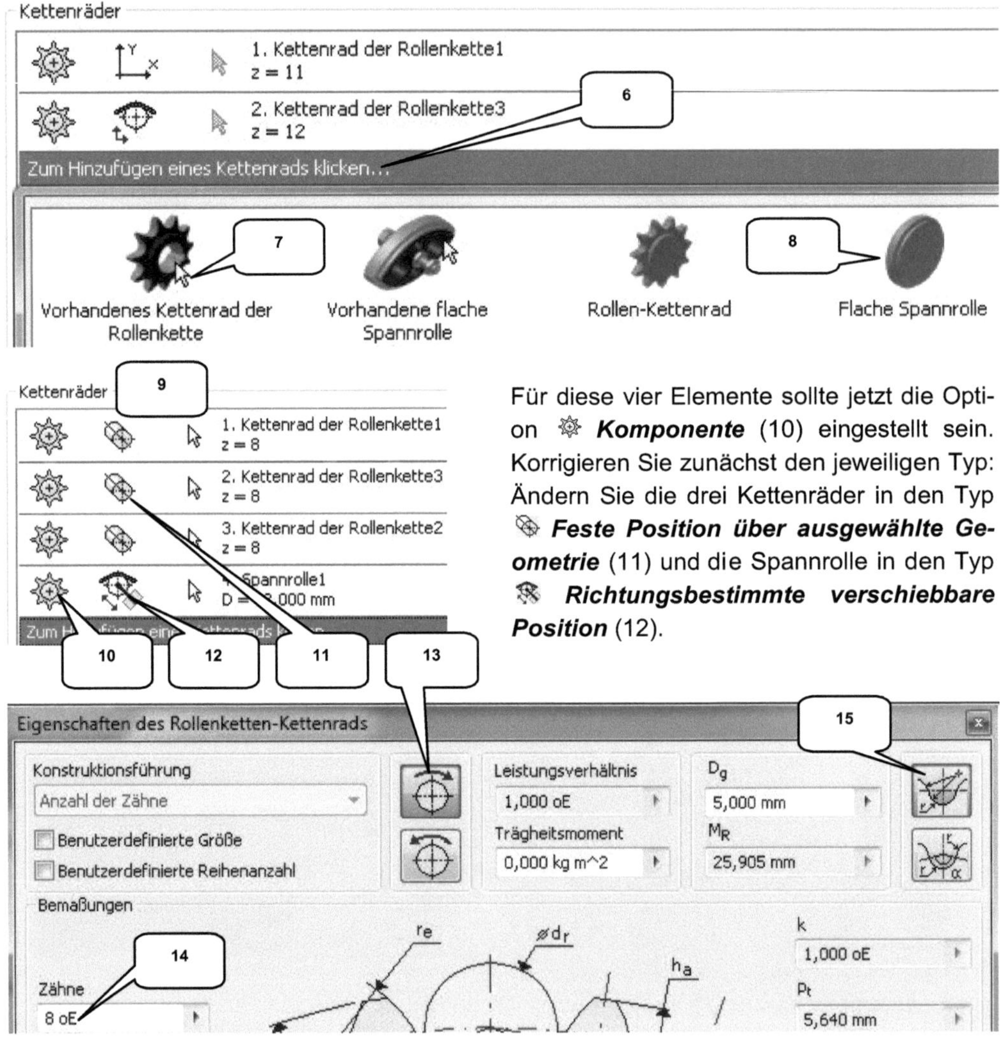

Für diese vier Elemente sollte jetzt die Option ⚙ *Komponente* (10) eingestellt sein. Korrigieren Sie zunächst den jeweiligen Typ: Ändern Sie die drei Kettenräder in den Typ ⊗ *Feste Position über ausgewählte Geometrie* (11) und die Spannrolle in den Typ ⊗ *Richtungsbestimmte verschiebbare Position* (12).

Beginnen Sie mit der ⊞ *Bearbeitung* des ersten Kettenrades und aktivieren Sie die Option *Bewegung im Uhrzeigersinn* (13). Geben Sie für die Anzahl der Zähne den Wert *8* (14) ein und aktivieren Sie die *Theoretische Zahnform* (15). ⌊ OK ⌋ *OK* bestätigt die Eingaben und beendet den Befehl. Bearbeiten Sie jetzt die beiden anderen Kettenräder, wobei alle Einstellungen des ersten Kettenrades übernommen werden können.

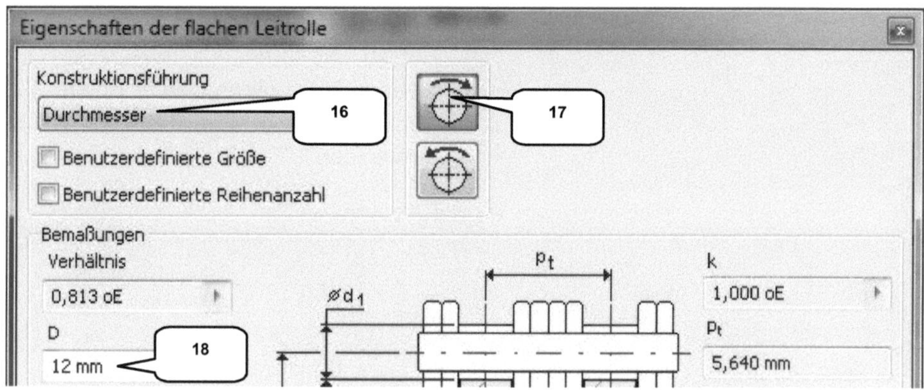

Im Anschluss daran ist die ⊞ *Bearbeitung* der flachen Spannrolle zu starten. Ändern Sie die Konstruktionsführung auf *Durchmesser* (16), die Bewegung auf *Im Uhrzeigersinn* (17) und den *Durchmesser* auf *12 mm* (18).

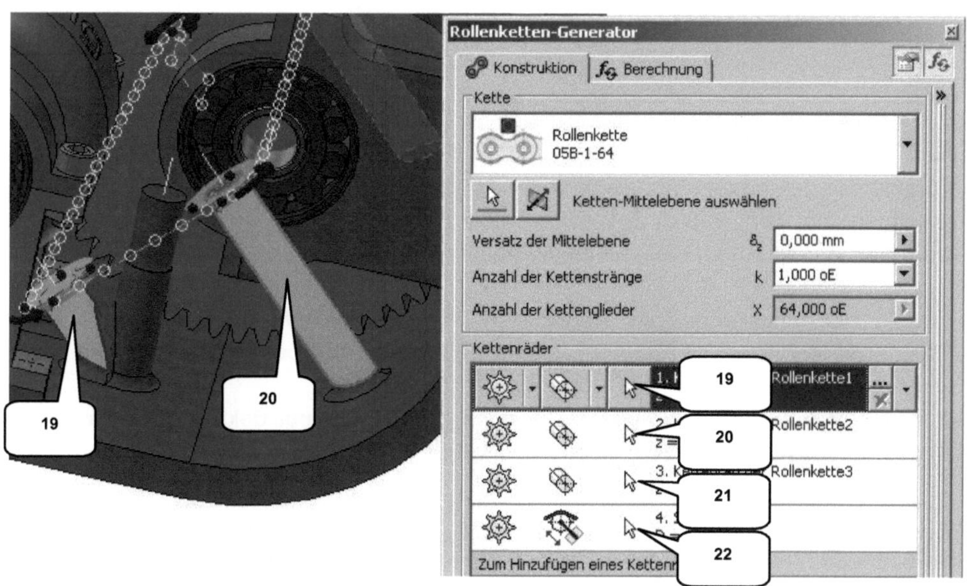

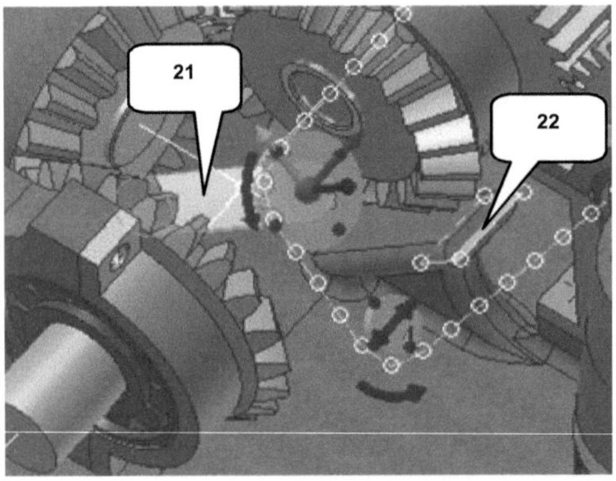

Als Referenzen für die beiden ersten Kettenräder sind die markierten zylindrischen Flächen des Motorgehäuses (19, 20) auf der Kupplungsseite der zu verwenden. Als ***Referenz*** für das dritte Kettenrad ist die markierte zylindrische Fläche (21) des Motorgehäuses auf der Seite der Kegelräder zu aktivieren. Als ***Referenz*** für die Spannrolle ist die markierte Ebene (22) auf derselben Seite des Motorgehäuses zu verwenden[20].

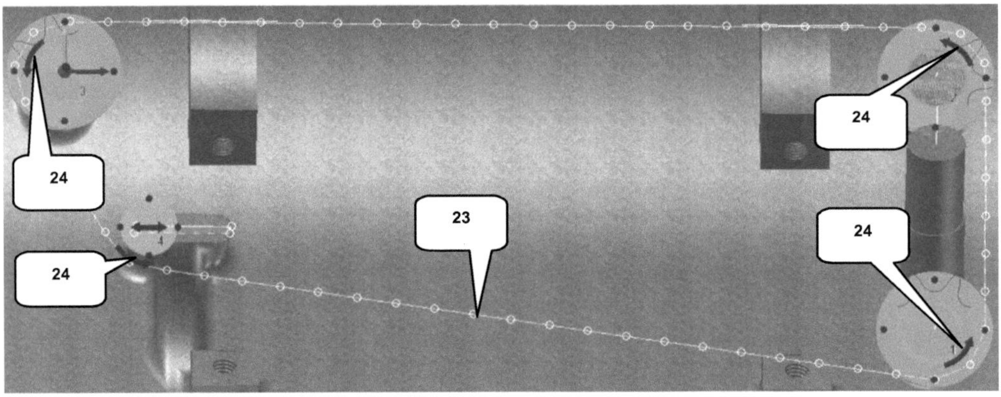

Kettenräder und Spannrolle wurden positioniert und jetzt sollte der Kettenverlauf (23) kontrolliert werden: Die Kette darf nicht verdreht sein und muss außen über die Kettenräder und die Spannrolle geführt werden (siehe obere Abbildung). Sollte die Kette an einer Stelle verdreht angeordnet sein, ist dies zu korrigieren. In diesem Fall ist auf einen der markierten ***gebogenen Pfeile*** (24) zu klicken, um die Richtung der Kette zu korrigieren.

Wechseln Sie anschließend ins Register Berechnung ***Berechnung*** und starten Sie die Berechnen ***Berechnung***. Der Befehl kann jetzt mit OK ***OK*** bestätigt werden.

Der neue Kettenantrieb muss jetzt u. U. noch als ***Flexibel*** deklariert werden (***rechte Maustaste*** > ***Flexibel***) und die gesamte Baugruppe ist zu ***speichern***.

[20] Die Auswahl der Ebene (22) als Referenzobjekt der Spannrolle ist zwingend notwendig, um die Berechnung der benötigten Kettenlänge zu ermöglichen. Das Programm kann die genaue Anzahl der Kettenglieder erst durch die individuelle Möglichkeit der Korrektur des Verlaufes der Kette berechnen.

8.1.6 Kettenschaltung mit Schalthebel und Kegelradpaar versehen

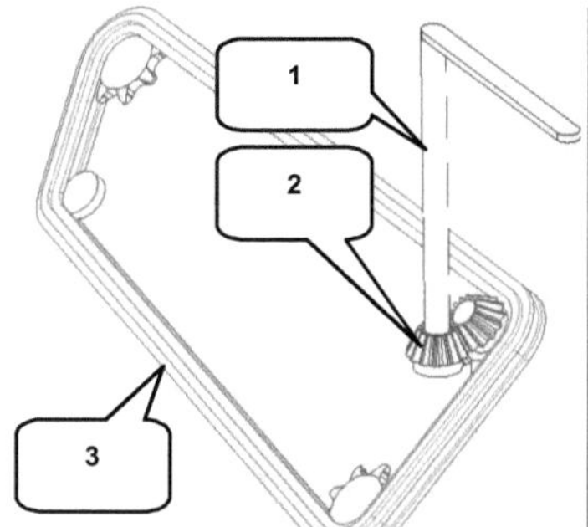

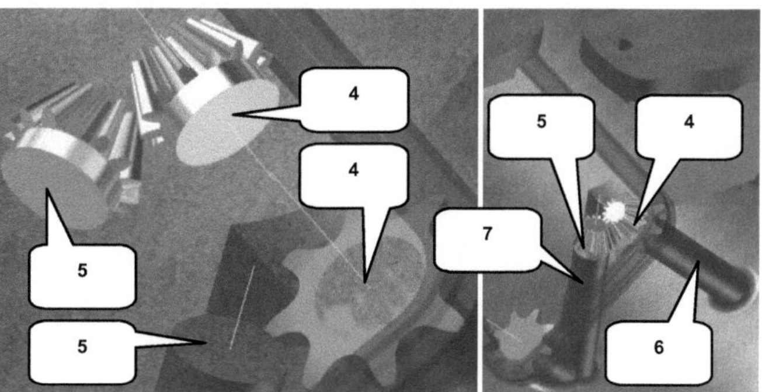

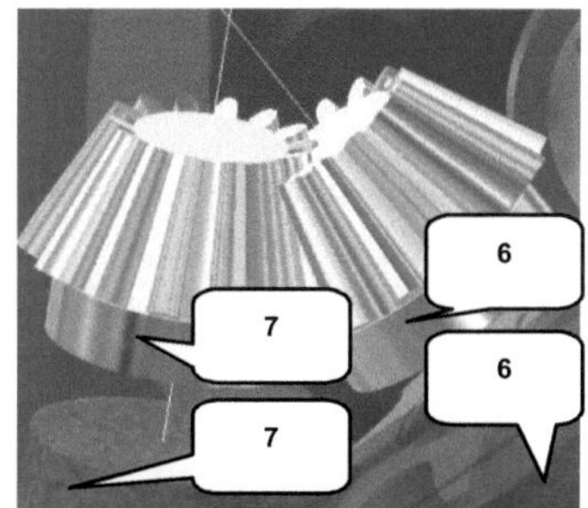

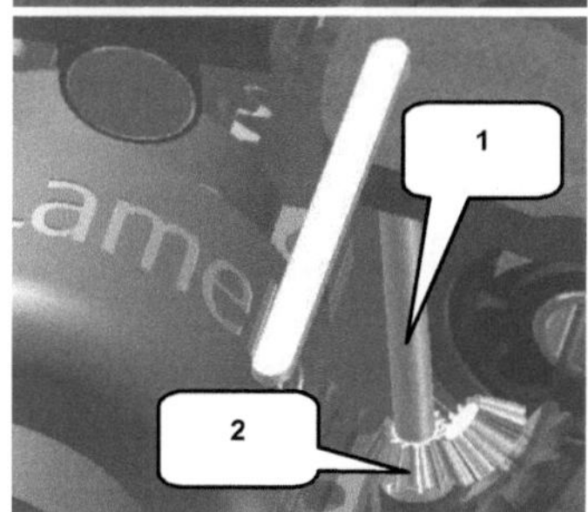

Um die Kette schalten zu können soll ein Schalthebel (1) in die Baugruppe importiert und positioniert werden. Er wird bei Betätigung die Drehbewegung über ein Kegelradgetriebe (2) an die Rollenkette (3) der Gangschaltung weiterleiten.

Platzieren Sie das Bauteil *Ganghebel.ipt* aus dem Projektordner einmal und das Bauteil *Gangschaltung-Kegelrad.ipt* insgesamt zweimal in der Baugruppe.

Verbinden Sie die beiden Kegelräder mit dem Motorgehäuse. Setzen Sie zwei Abhängigkeiten (**Abhängig machen**), um die Flächen (4) und (5) der Kegelräder mit den zugehörigen Flächen des Motorgehäuses zu verbinden.

Platzieren Sie weiterhin zwei axiale Abhängigkeiten, um die Achsen der Kegelräder (6, 7) mit den zugehörigen Achsen des Motorgehäuses zu verbinden.

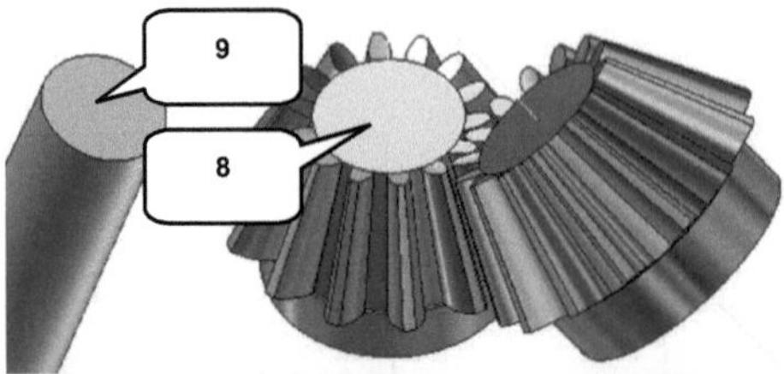

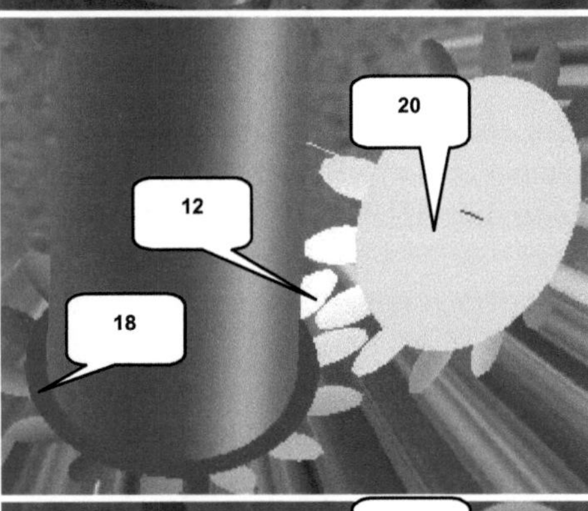

Im Anschluss daran sollen Ganghebel (1) und Kegelrad (2) miteinander verbunden werden. Setzen Sie eine Abhängigkeit, um die Stirnfläche des Kegelrades (8) mit der markierten Fläche des Ganghebels (9) zu verbinden und setzen Sie eine weitere Abhängigkeit, um die Längsachse des Ganghebels (10) mit der Rotationsachse des Kegelrades (11) zu verbinden.

Sobald der Ganghebel an der vorgesehenen Position befestigt wurde, sind die beiden Kegelräder so zu drehen (geschätztes Augenmaß), dass ihre Zähne kollisionsfrei ineinandergreifen (12).

Um die zuletzt platzierten Komponenten auch in ihrer Bewegung voneinander abhängig machen zu können, sind drei weitere Bewegungsabhängigkeiten zu erzeugen. Die erste soll den Ganghebel und das Kegelrad miteinander verbinden, wobei die folgenden Einstellungen zu verwenden sind: Register **Bewegung** (13), Typ **Drehung** (14), Modus **Vorwärts** (15), **Verhältnis** 1:1 (16), **Auswahl 1**: Fläche Ganghebel (17) und **Auswahl 2**: Fläche Kegelrad (18).

Die zweite Bewegungsabhängigkeit wird die beiden Kegelräder miteinander verbinden. Übernehmen Sie dafür die folgenden Einstellungen: Register **Bewegung** (13), Typ **Drehung** (14), Modus **Rückwärts** (19), **Verhältnis** 1:1 (16), **Auswahl 1**: Fläche Kegelrad (18) und **Auswahl 2**: Fläche Kegelrad (20).

Die dritte Bewegungsabhängigkeit soll Kegelrad und Kettenrad verbinden, wobei die folgenden Einstellungen:

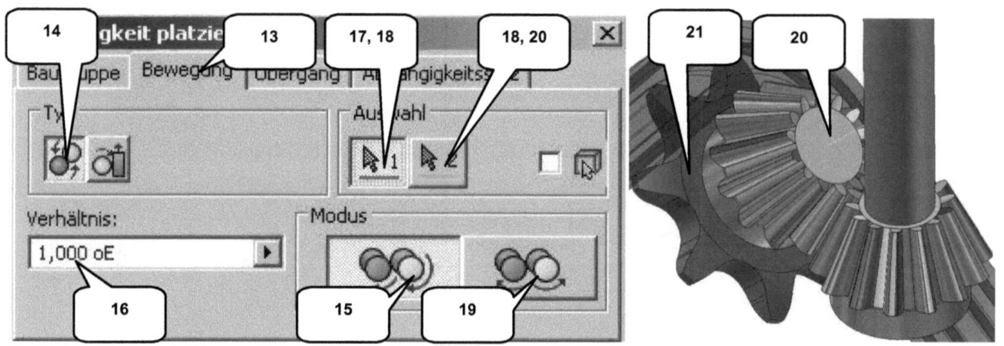

Register: *Bewegung* (13), Typ: *Drehung* (14), Modus: *Vorwärts* (15), *Verhältnis*: 1:1 (16), *Auswahl 1*: Fläche Kegelrad (20) und *Auswahl 2*: Fläche Kettenrad (21). Eine Drehung des Ganghebels per Hand sollte jetzt auch eine Bewegung der Kegel- und Kettenräder bewirken. *Speichern* Sie die Baugruppe abschließend.

9 Keilwellenverbindungen

9.1 Konstruktion einer Keilwellenverbindung

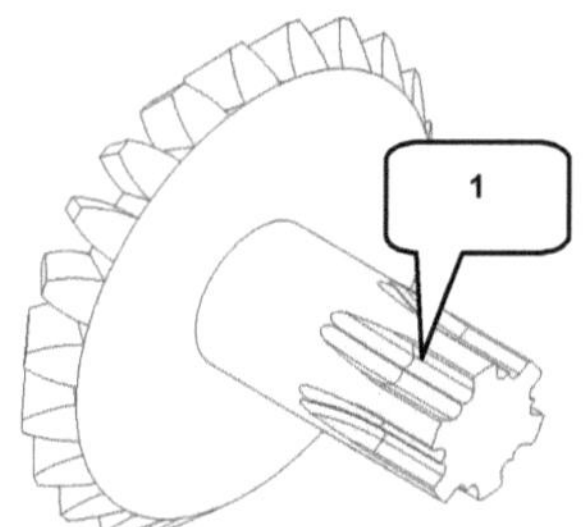

Um Drehmomente von einer Welle auf eine Nabe übertragen zu können, müssen beide Bauteile kraft- oder formschlüssig miteinander verbunden werden. Sind die zu erwartenden Momente groß, oder werden schlagende Bewegungen erwartet, finden oftmals *Keilwellenverbindungen* Anwendung (1). Welle und Nabe werden dabei formschlüssig aneinander angepasst.

9.1.1 Befehlsgrundlagen KEILWELLEN-GENERATOR

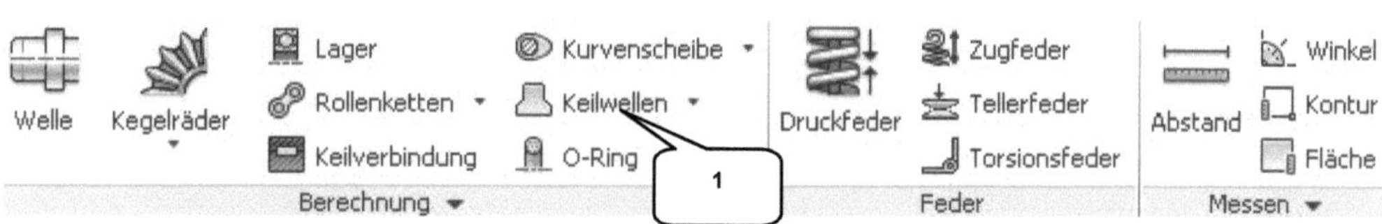

Der *Keilwellen-Generator* (1) ermöglicht die konstruktive Bearbeitung von Welle-Nabe-Verbindungen durch Hinzufügen einer Keilwellen-Verbindung. Die Bearbeitung einzelner Elemente (nur Welle oder nur Nabe) ist ebenfalls möglich.

9.1.1.1 Register KONSTRUKTION

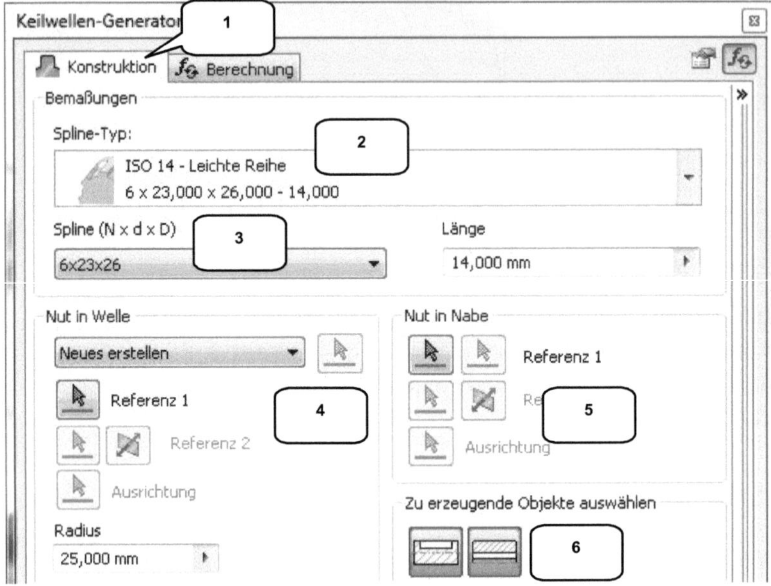

INHALT

Im Register **Konstruktion** wird der Keilwellen-Typ festgelegt, die geometrischen Abmessungen definiert und Referenzen definiert.

OPTIONEN

1) Register: Konstruktion/ Berechnung
2) Keilwellentyp
3) Keilwellen-Maße
4) Referenzen für Welle

5) Referenzen für Nabe
6) Welle und Nabe oder einzeln
7) Dateibenennung/ Berechnung aktivieren/ deaktivieren

9.1.1.2 Register BERECHNUNG

INHALT

Das Register **Berechnung** ermöglicht die Auswahl der Festigkeitsberechnung, eine Definition der Belastungen, Bemaßungen, Verbindungseigenschaften und Materialien von Welle und Nabe.

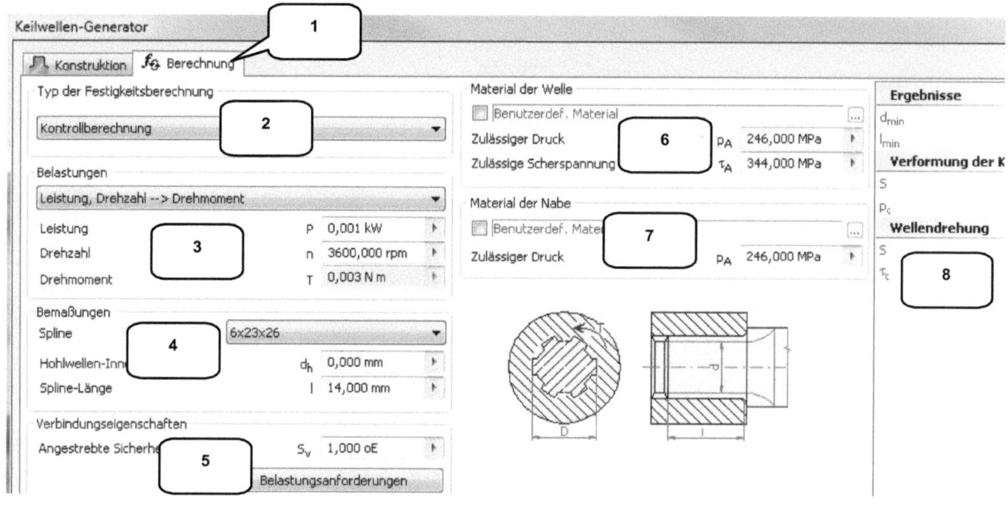

OPTIONEN

1) Register: Konstruktion/ Berechnung

2) Typ der Festigkeitsberechnung

3) Belastungen

4) Bemaßungen

5) Verbindungseigenschaften

6) Wellenmaterial

7) Nabenmaterial

8) Berechnungsergebnisse

9.1.2 Erzeugen einer Keilwellenverbindung an der Getriebeausgangswelle

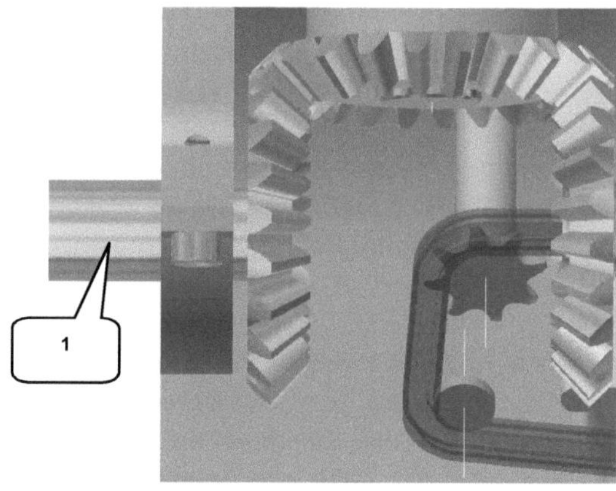

Das Bauteil **Kegelrad.ipt** besitzt an der Rückseite einen kurzen Wellenabschnitt (1). Er soll den Kraftfluss aus dem Getriebe heraus leiten und dann weiter (z. B. über eine Antriebskette) zum Antrieb des Fahrzeugs geleitet werden.

In der folgenden Übung soll dieser Wellenabschnitt mit einer Keilwellenverbindung versehen werden.

Starten Sie den 🔧 **Keilwellen-Generator**, klicken Sie auf den **Spline-Typ** (2), wählen Sie die Norm **DIN** und aktivieren Sie die **DIN 5463**.

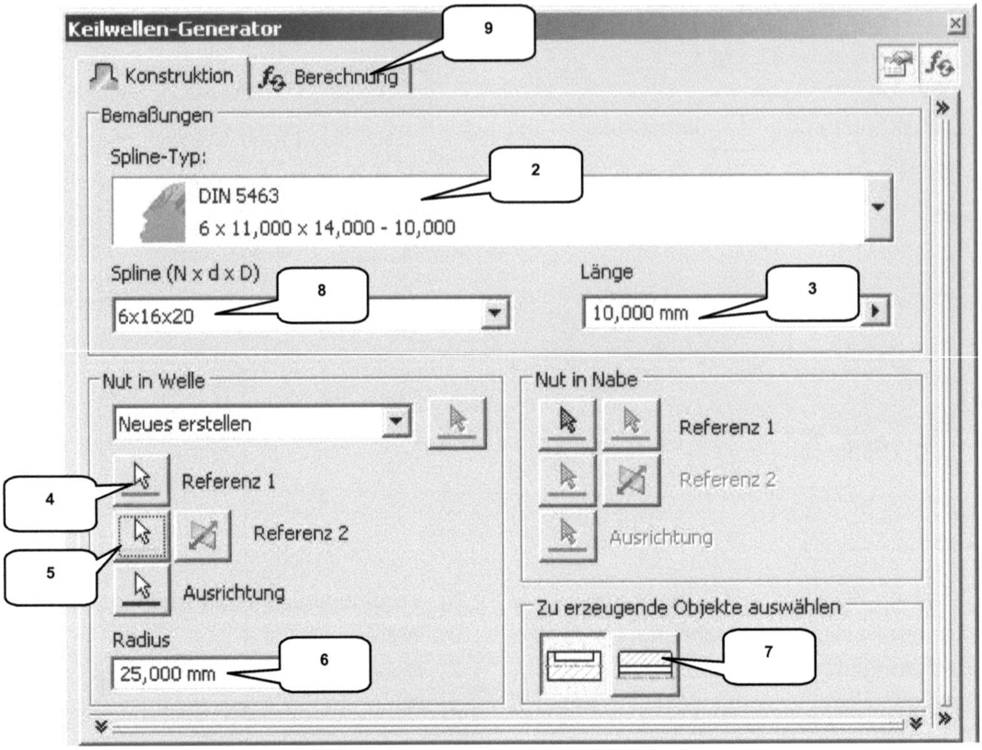

Die Länge der Nut ist mit **10 mm** (3) festzulegen, als ⌕ **Referenz 1** ist die Zylinderfläche des Kegelrades (4) zu wählen und als ⌕
Referenz 2 die Stirnfläche der Welle (5).

Übernehmen Sie den vorgegebenen Radius
25 mm (6) und <u>deaktivieren</u> Sie die Option
Nut in Nabe (7). Im Feld **Spline** sollte jetzt
die Größe **6x16x20** (8) aktiviert werden.

Wechseln Sie ins Register **Berechnung** (9)
und starten Sie die [Berechnen] **Berechnung**.
Bestätigen Sie die Eingaben im Befehlsfenster mit [OK] **OK** und bestätigen Sie
auch das Fenster **Dateibenennung** mit
[OK] **OK**. Die Baugruppe ist danach zu
speichern.

10 Gestellgenerator

10.1 Der Motorradrahmen

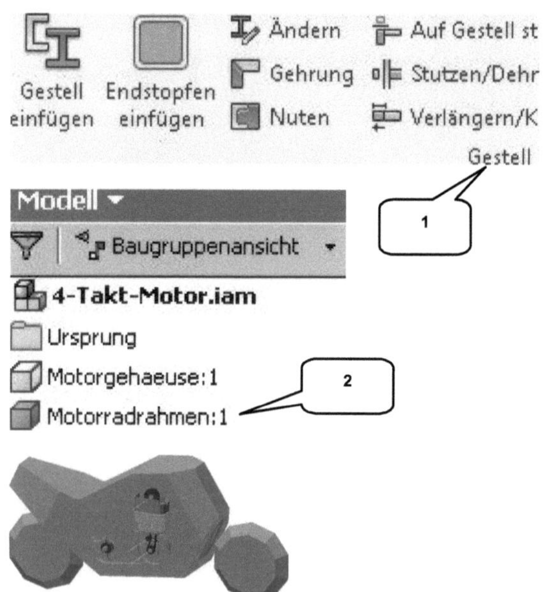

Für Rahmen- und Profilkonstruktionen hält das Programm die Befehlsgruppe **Gestell** (1) bereit. Anhand vorhandener Referenzobjekte (Linien, Punkte oder Kanten) können damit komplexe Rahmengestelle konstruiert werden. Das Programm greift hierbei auf Profile aus dem Inhaltscenter zurück. Jedes Profil wird als separates Bauteil erstellt und kann anschließend weiter bearbeitet oder als Zeichnung abgeleitet werden.

Klicken Sie im Browser mit der rechten Maustaste auf das Bauteil **Motorradrahmen.ipt** (2) und aktivieren Sie dessen Sichtbarkeit (Option: **Sichtbarkeit**). Der darin befindliche Volumenkörper soll als Referenz zur Konstruktion des Gestells dienen.

10.1.1 Befehlsgrundlagen GESTELL-GENERATOR

Mit dem Gestell-Generator (1) können Profilelemente aus dem Inhaltscenter in die Baugruppe importiert werden. Als Referenzen dienen wahlweise Linien, Punkte, Ecken oder Körperkanten.

OPTIONEN

1) Profilelement für Gestell wählen
2) Ausrichtung des Profils
3) Referenztyp (Punkte/ Kanten) und Auswahl der Referenzen

4) Dateinummer und Bauteilname automatisch aus dem Inhaltscenter abrufen

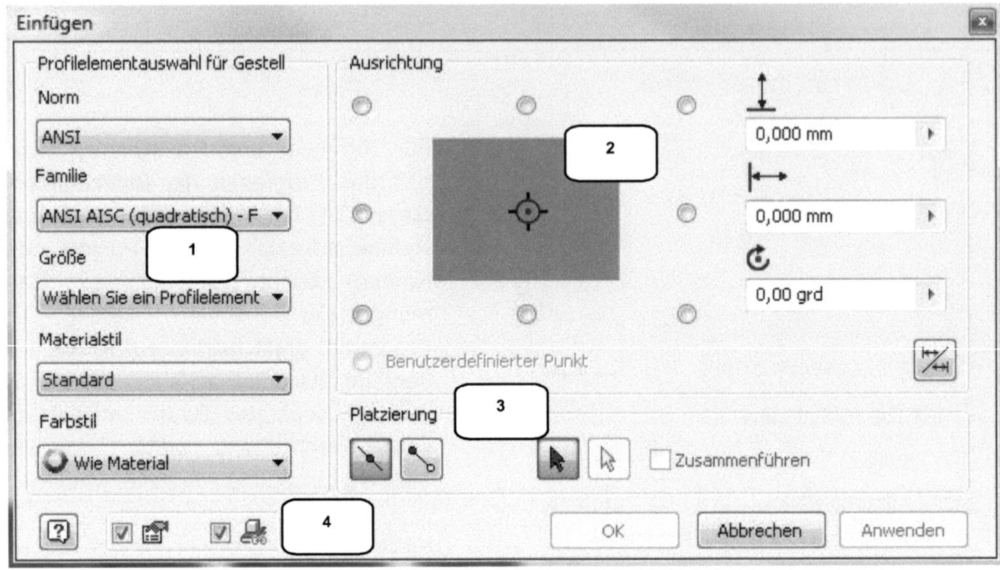

10.1.2 Motorradrahmen und Räder als Gestell erzeugen

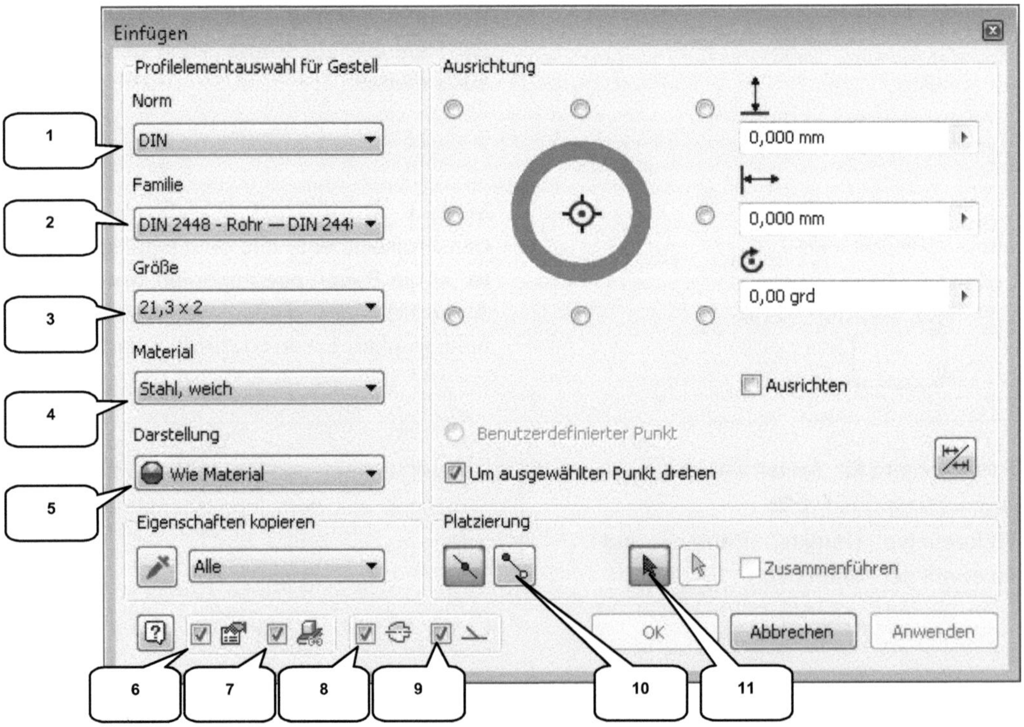

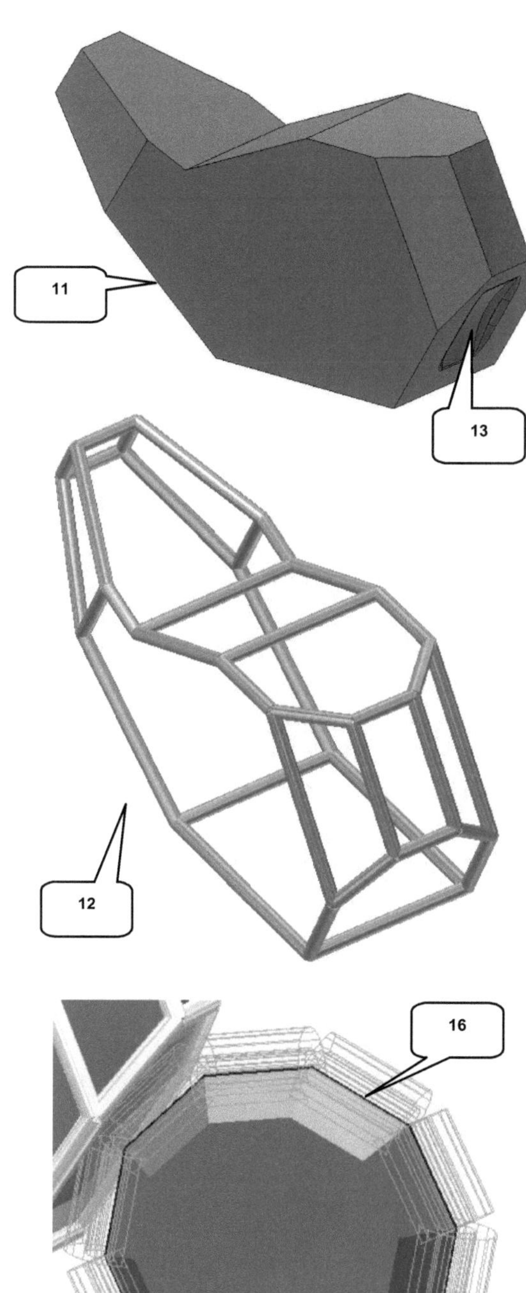

Wählen Sie im Gestell-Generator die Norm *DIN* (1), die Familie *DIN 2448 - Rohr* (2), die Größe *21,3 x 2* (3), das Material *Aluminium 6061* (4) und die Farbe *Aluminium poliert* (5). Aktivieren Sie die vier Kästchen (6...9) und aktivieren Sie den Platzierungstyp *Profilelemente auf Kante einfügen* (10).

Wählen Sie jetzt nacheinander die ▷ *Referenzkanten* des mittleren Volumenkörpers (11), bis alle Kanten mit einem Rohr versehen wurden (siehe Abbildung (12)). Die Aussparungen (13) sind <u>nicht</u> zu verwenden.

Sobald alle markierten Kanten bei Ihnen mit der nebenstehenden Abbildung übereinstimmen (der Volumenkörper wurde hier ausgeblendet), kann eine erste Berechnung des Rahmenmodells durch ⟨Anwenden⟩ *Anwenden* gestartet werden.

Sobald die sich daraufhin öffnenden Fenster durch ⟨OK⟩ *OK* bestätigt wurden, startet das Programm mit der Berechnung, was einige Zeit in Anspruch nehmen kann.

Wurde das Gestell vollständig berechnet, kann mit der Konstruktion der Räder begonnen werden. Übernehmen Sie alle Einstellungen aus Abbildung (14) (auf die geänderte *Größe 76,1 x 20* (15) achten) und wählen Sie als ▷ *Referenzkanten* nacheinander die Außenkanten von Vorder- und Hinterrad (16).

Bestätigen Sie abschließend mit ⟨OK⟩ *OK*.

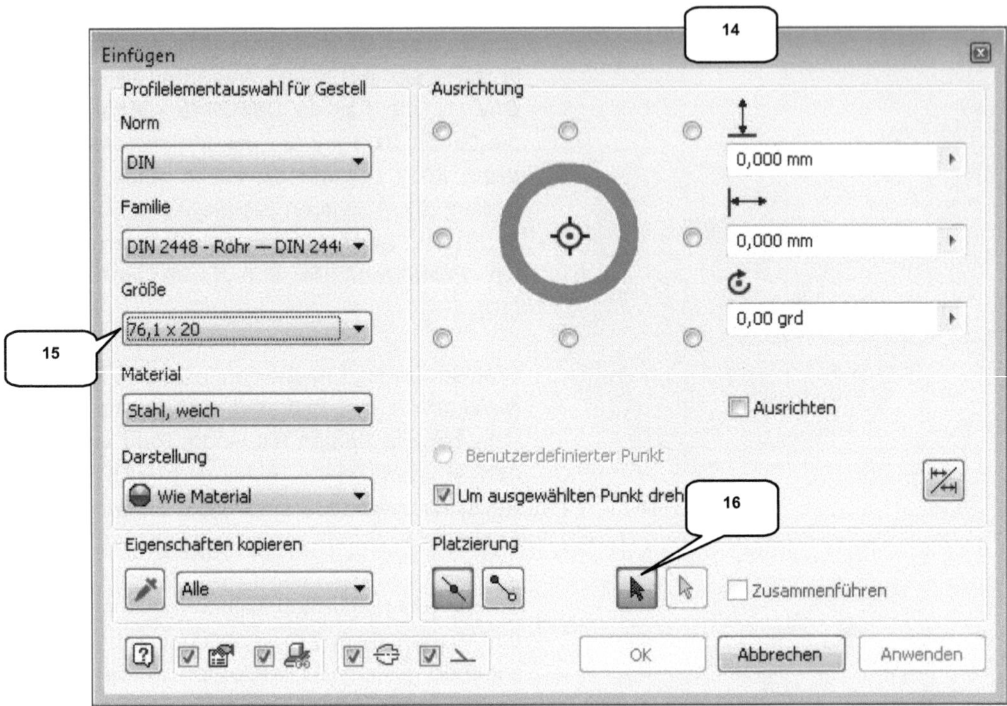

Verlassen Sie kurzzeitig die Bearbeitung des Rahmens (Zurück), um das Bauteil *Motorradrahmen.ipt* wieder auszublenden (*rechte Maustaste > Sichtbarkeit*). Um zurück in den Bearbeitungsbereich des Rahmens zu gelangen (dieser wird als eigenständige Baugruppe erzeugt), doppelklicken Sie auf die Baugruppe *Frame0001.iam* im Browser. Die Baugruppe sollte jetzt erst einmal *gespeichert* werden.

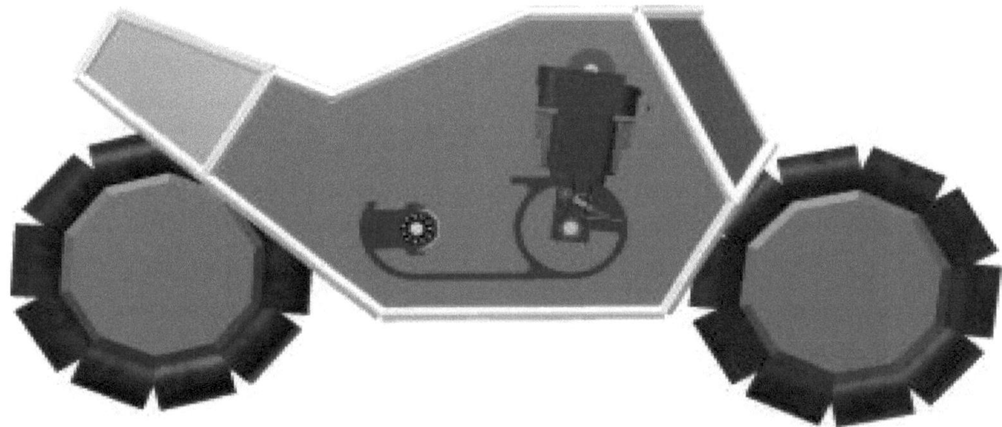

10.1.3 Befehlsgrundlagen GEHRUNG

Treffen Profile aus dem Gestell-Generator aufeinander (z. B. an deren Enden), können Sie z. B. mit dem Befehl **Gehrung** (1) aneinander angepasst werden.

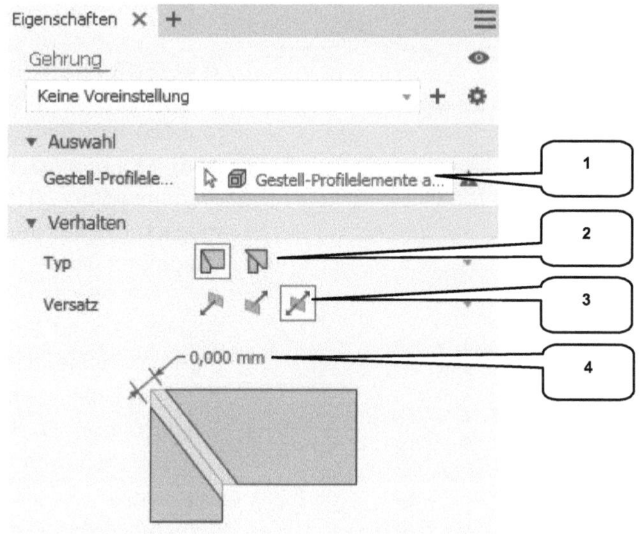

OPTIONEN

1) Profilelemente auswählen
2) Gehrungstyp (vollständig/ halb)

3) Gehrungsrichtung
4) Abstand (Gehrungslücke)

10.1.4 Rohrsegmente aneinander anpassen

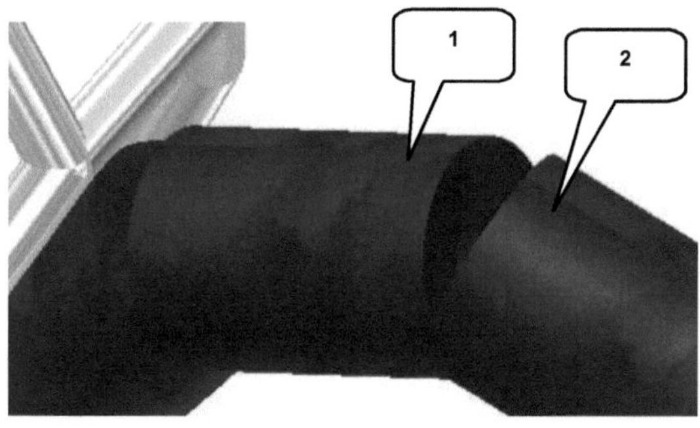

Im ersten Schritt sollen die Räder durch Gehrungen angepasst werden. Wählen Sie zunächst ein beliebiges **Rohrsegment** (1) und danach ein zweites (2).

Aktivieren Sie die Optionen **Vollständiger Gehrungsschnitt** (3), **Symmetrisch** (4) und tragen Sie den Abstand **0 mm** ein (5).

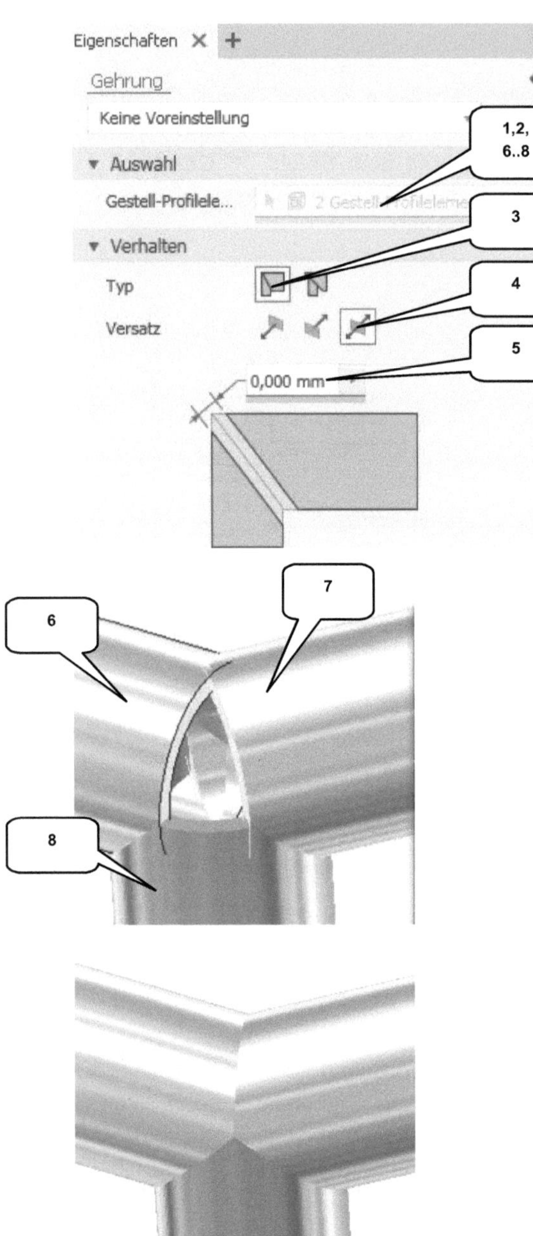

Bestätigen Sie die Auswahl durch + **An-wenden**. Das Programm errechnet den optimalen Zuschnitt und bearbeitet beide Rohrsegmente. Wiederholen Sie den Befehl an den restlichen Schnittstellen beider Räder. Wurden die restlichen Gehrungen erzeugt, kann auch der Motorradrahmen bearbeitet werden.

Weil beim Rahmen oftmals nicht nur zwei, sondern drei Profile aufeinandertreffen, müssen hier auch alle drei Rohrsegmente im Befehl ausgewählt werden. Ab der Programmversion 2019 ist das erstmals auch möglich (vorher musste der Befehl zweimal ausgeführt werden).

Wählen Sie an beliebiger Stelle des Rahmens nacheinander drei **Rohre einer Ecke** (6, 7, 8) aus, übernehmen Sie die oberen Einstellungen (3, 4, 5) und bestätigen Sie den Befehl durch + **Anwenden**. Führen Sie diesen Arbeitsschritt bei allen Ecken des Rahmens durch, bis der Rahmen vollständig bearbeitet wurde.

Der Bearbeitungsbereich der Baugruppe **Frame0001.iam** kann anschließend wieder ← **verlassen** werden und die Baugruppe ist zu **speichern** und zu **schließen**.

Der Autor des Buches hofft, dass Sie bei der Arbeit mit dem Programm und dem Übungsprojekt viel Spaß hatten. Der Inhalt des Buches wurde sorgfältig geprüft. Leider können Fehler nicht ausgeschlossen werden.

Wenn Ihnen während der Arbeit mit dem Buch Fehler auffallen sollten, oder wenn Sie Ideen zur Verbesserung des Inhaltes haben, ist Ihnen der Autor für jeden Hinweis per E-Mail dankbar. Konstruktive Anmerkungen können jederzeit an:

> ***schlieder@cad-trainings.de***

gesendet werden.

Vielen Dank.

Auszug aus dem Buch DYNAMISCHE SIMULATION

Die folgenden Seiten zeigen Auszüge aus dem Buch:

> *Autodesk® Inventor® - DYNAMISCHE SIMULATION*

Inventor® verfügt über einen Bereich der **Dynamischen Simulation**, in dem komplexe Baugruppen unter Einfluss äußerer Randbedingungen, wie Kräften und Drehmomenten, berechnet und simuliert werden können. Die Ergebnisse können dann zur weiteren Bearbeitung in den Bereich der Finiten-Elemente-Methode übertragen werden. In einem komplexen Übungsbeispiel wird der Leser theoretische Grundlagen der Befehle aus dem Bereich der Dynamischen Simulation erlernen und praktisch umsetzen.

Im Buch werden die folgenden Bereiche behandelt:

> **Gelenkverbindungen einfügen**
> **Abhängigkeiten in Gelenke konvertieren**
> **Status des Mechanismus überprüfen**
> **Kräfte und Drehmomente einfügen**
> **Dynamische Bewegungen**
> **Unbekannte Kräfte ermitteln**
> **Spuren darstellen**
> **Filme publizieren**
> **Simulationseinstellungen bearbeiten**
> **Das Eingabediagramm**
> **Das Ausgabediagramm**

Weitere Informationen zu diesem und anderen Büchern erhalten Sie auf der Website:

> *http://www.cad-trainings.de/*

Christian Schlieder

Autodesk® Inventor® 2020

DYNAMISCHE SIMULATION

Viele praktische Übungen am
Konstruktionsobjekt
RADLADER

Mechanismen analysieren, Gelenke erstellen und ableiten, Kräfte
und Drehmomente platzieren, unbekannte Kräfte ermitteln, Spur-
verläufe ableiten, manuelles und automatisches Simulieren, Inter-
pretation der Berechnungsergebnisse, Bauteilverformungen animieren und publizieren, Datenexport in den FEM-Bereich

INHALTSVERZEICHNIS

1 Grundlegendes zum Buch

Dieses Buch ist ein Aufbaukurs für Fortgeschrittene, die mit den Grundlagen von **Autodesk® Inventor® 2018** bereits vertraut sind. Es wird empfohlen, vor der Arbeit mit diesem Buch das Grundlagenbuch:

> **Autodesk® Inventor® 2018 – Grundlagen in Theorie und Praxis**

vollständig durchzuarbeiten, in dem die vorausgesetzten Grundlagen zum Programm vermittelt werden.

Autodesk® Inventor® 2018 bietet für Baugruppen den speziellen Bereich der **dynamischen Simulation** (1). Baugruppen können hier um weitere Umgebungsvariablen (wie z. B. Dämpfung, Steifigkeit, Reibungskoeffizient) ergänzt und mit zusätzlichen externen Kräften oder Drehmomenten beaufschlagt werden, was eine Analyse der Baugruppe unter realistischen Bedingungen ermöglicht. Die Berechnungsergebnisse können in den Bereich der Finiten-Elemente-Methode (FEM) exportiert und dort einer statischen Analyse oder einer Modalanalyse unterzogen werden.

Die folgenden Befehle der dynamischen Simulation werden behandelt:

> **Gelenke einfügen**
> **Abhängigkeiten ableiten**
> **Status des Mechanismus prüfen**
> **Kräfte erzeugen**
> **Drehmomente erzeugen**
> **Ausgabediagramm darstellen**
> **Dynamische Bewegungen**

> **Unbekannte Kraft ermitteln**
> **Spuren darstellen**
> **Filme publizieren**
> **Simulationseinstellungen**
> **Simulationswiedergabe**
> **Exportieren nach FEM**

Das vorliegende Übungsbeispiel bietet genügend Möglichkeiten, die Befehlsketten sporadisch zu verlassen und eigene Versuche zu starten, was dem Anwender auch empfohlen wird. Sollte die Konstellation der Baugruppe dabei zerstört werden, kann ersatzweise die im Downloadordner enthaltene Kopie der Baugruppe verwendet werden.

5 Grundlegende Vorbereitungen

5.1 Projektordner erstellen

Bevor mit der Umsetzung des Projekts gestartet wird, müssen die folgenden Arbeiten erledigt werden:

Auf dem PC ist an geeigneter Stelle ein neuer Ordner mit folgender Bezeichnung zu erstellen:

> *Inventor-2018-Übung-Dynamische-Simulation*

5.2 Download der Übungsdateien

Im Internet ist die folgende Website zu besuchen:

> *http://www.cad-trainings.de/html/Download.html*

Anschließend sind die folgenden Schritte zu erledigen:

> Das Buch *Inventor® 2018 - Dynamische Simulation* suchen
> Auf den nebenstehenden Download-Link klicken
> Die Übungsdatei (ZIP-Format) auf dem PC speichern (im Projektordner *Inventor-2018-Übung-dynamische-Simulation*)
> Die Datei darin entpacken

5.3 Aktivierung des Einzelbenutzerprojekts

Inventor® arbeitet in Projekten, was die Koordination zusammenhängender Dateien und Einstellungen vereinfacht. Eine Projektdatei (*.ipj) sichert alle Informationen und Querverweise eines Projekts. Das ist wichtig, wenn später komplexe Baugruppen archiviert oder von einem PC auf einen anderen übertragen werden sollen.

Im Register *Erste Schritte* (Befehlsgruppe *Starten*) ist der Befehl Projekte zu öffnen, um das Projekt *Inventor-2018-- -Simulation.ipj* aktivieren zu können.

- Aktivierung des Einzelbenutzerprojekts -

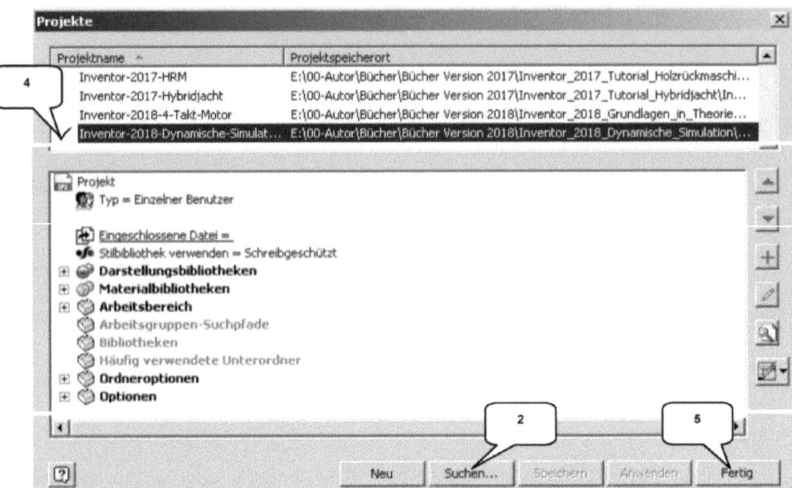

Mit der Option soll der Pfad zum Projektordner ausgewählt und die darin enthaltene Projektdatei ***Inventor-2018-Dynamische-Simulation.ipj*** (3) aktiviert werden.

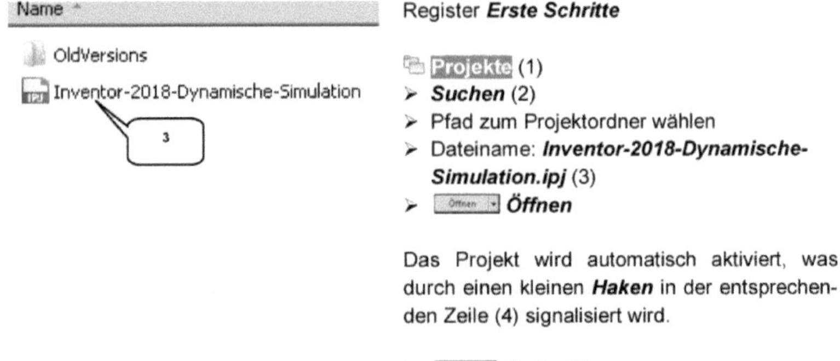

Register ***Erste Schritte***

- **Projekte** (1)
- ***Suchen*** (2)
- Pfad zum Projektordner wählen
- Dateiname: ***Inventor-2018-Dynamische-Simulation.ipj*** (3)
- Öffnen ***Öffnen***

Das Projekt wird automatisch aktiviert, was
durch einen kleinen ***Haken*** in der entsprechenden Zeile (4) signalisiert wird.

- Fertig ***Fertig*** (5)

6   Die Baugruppe im Überblick

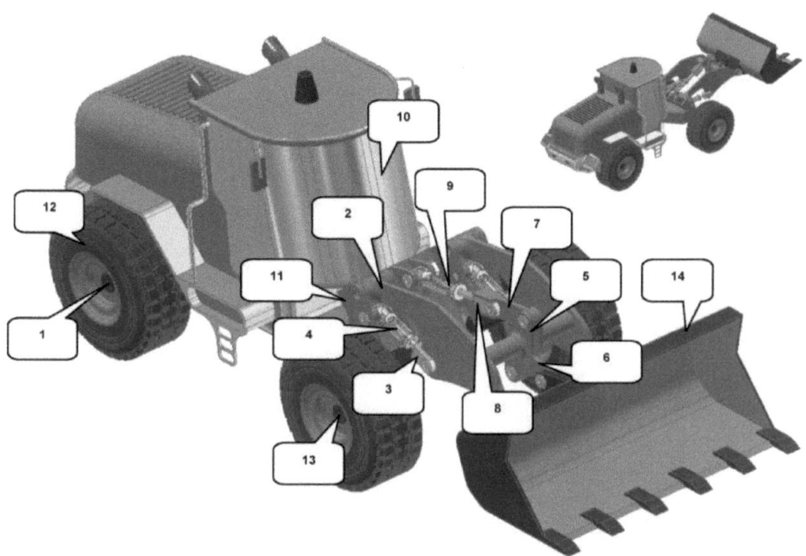

1) Hinterradachse	6) Kippschwinge	11) Maschinenrahmen
2) Hubrahmen	7) Kippzylinder-Fixierung	12) Rad
3) Hubzylinder-Kolben	8) Kippzylinder-Kolben	13) Radbolzen
4) Hubzylinder-Zylinder	9) Kippzylinder-Zylinder	14) Schaufel
5) Kipphebel	10) Maschinengehäuse	

7 Die Umgebung der dynamischen Simulation

7.1 Öffnen der Unterbaugruppe UBG_1

Öffnen Sie die Unterbaugruppe **UBG_1** im Projektordner:

📂 Öffnen (1)

➢ Order: Projektordner wählen

➢ Dateiname: UBG_1 (2)

➢ Dateityp: *.iam

➢ [Öffnen] **Öffnen**

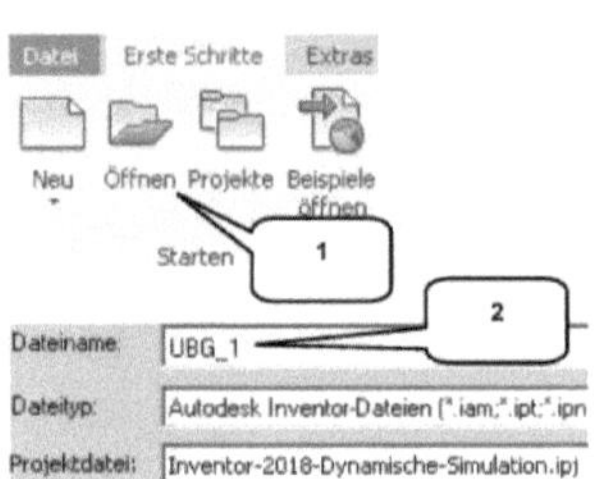

Die Unterbaugruppe **UBG_1** besteht aus der Hinterradachse und den beiden Hinterrädern. Die Hinterradachse wurde bereits am Koordinatenursprung der Unterbaugruppe ausgerichtet und fixiert (3). Eines der Räder wurde ebenfalls bereits befestigt: Es ist mit einer axialen Abhängigkeit zur Achse (4) sowie einer Flächenabhängigkeit zu dieser (5) positioniert worden. Das zweite Rad besitzt noch alle Freiheitsgrade und soll erst später ausgerichtet werden (6).

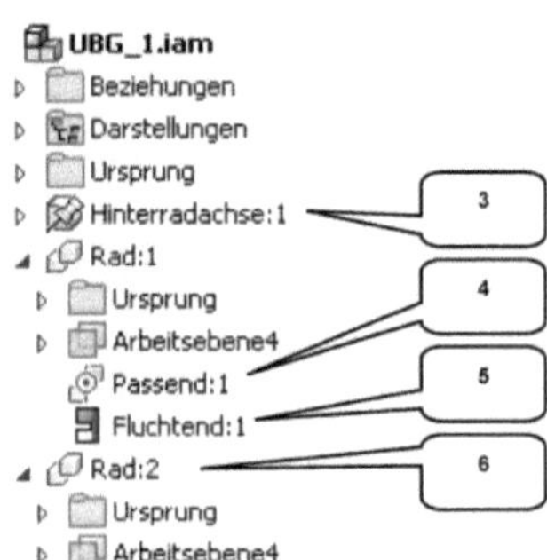

Die aktuelle Konstellation an vorhandenen Abhängigkeiten und Freiheitsgraden soll jetzt im Bereich der dynamischen Simulation genauer untersucht werden.

Freiheitsgrad-Analyse		
Freiheitsgrade		Liste aktualisi
Komponenten	Translation	Drehung
Hinterradachse:1	0	0
Rad:1	0	1
Rad:2	3	3

7.2 In den Bereich der dynamischen Simulation wechseln

Arbeitsbereich:
Dynamische Simulation

Um in den Bereich der dynamischen Simulation wechseln zu können, muss das Register **Umgebungen** aktiviert und der Befehl **Dynamische Simulation** gestartet werden.

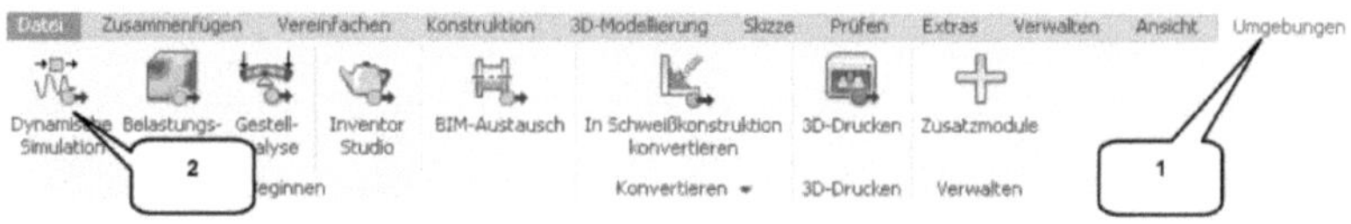

> ➢ Register **Umgebungen** (1)
> Dynamische Simulation (2)

7.3 Grundlegender Aufbau des Simulationsbereiches
7.3.1 Das Lernprogramm

Das Programm wird jetzt ein Hinweisfenster öffnen, in dem die Entscheidung zu treffen ist, ob das **Lernprogramm** gestartet werden soll.

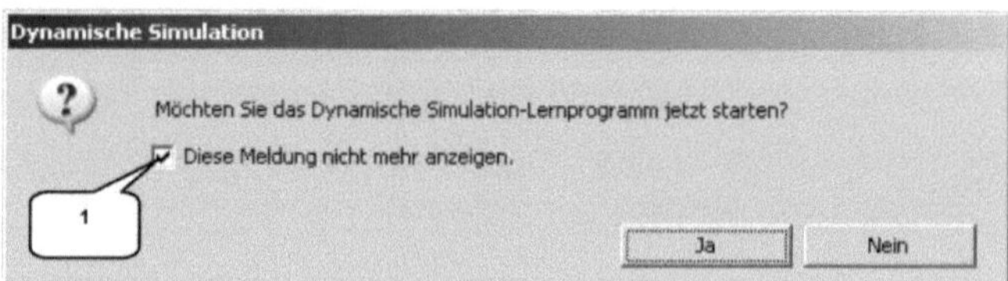

> ➢ Aktivieren: Diese Meldung nicht mehr anzeigen. (1)
> ➢ Ja **Ja**

Besteht eine Internetverbindung, so sollte sich der Web-Browser jetzt öffnen.

HINWEIS: Wurde die Option (1) bereits deaktiviert, den Start des Lernprogramms automatisch anzubieten, so wird das oben dargestellte Fenster nicht mehr generiert. Das Lernprogramm kann aber in der Programmhilfe jederzeit wieder gestartet werden (Taste: **F1**).

- Grundlegender Aufbau des Simulationsbereiches -

🏠 Hilfe-Startseite

I | AUTODESK® **INVENTOR**®

➕ Neu in Inventor

➕ Erste Schritte - Videos

➕ Erste Schritte

➖ Lernprogramme

    Erste Schritte - Übungslektionen

    Lernprogrammarchiv

➕ Inventor-Hilfe - Themen

➕ Installation von Inventor

➕ Grundlagen der Installation

➕ Administratorhandbuch für die Installation

Lernprogrammarchiv

Zusätzlich zu den Lernprogrammen in der G

Wichtig: Die archivierten Lernprogramme
Verknüpfungen zuzugreifen:
Die Datensätze für die älteren Lernprogram

Anmerkung: Diese Links verweisen auf di

Lernprogramme für Autodesk Inventor

Werkzeug-Lernprogramme

Kabel- und Kabelbaum-Lernprogramme

Lernprogramme für Rohre und Leitungen

➢ **Lernprogramme** erweitern (2)
➢ **Lernprogrammarchiv** wählen (3)

Im rechten Bereich des Befehlsfensters befindet sich eine Auflistung (4) der verfügbaren Lernprogramme. Per Mausklick gelangen Sie in die jeweiligen Bereiche.

HINWEIS: Das Archiv verweist teilweise auf die Beschreibungen älterer Programmversionen. Es besteht also die Möglichkeit, dass einige der verwendeten Befehle nicht mehr aktuell sind.

➢ Der Web-Browser kann wieder **geschlossen** werden

7.3.2   Die Befehlsgruppen

Zuerst sollten die **Befehlsgruppen** auf Vollständigkeit kontrolliert werden:

➢ **Rechte Maustaste** auf einen beliebigen Bereich in der Multifunktionsleiste (1)
➢ **Gruppen anzeigen** (2)
➢ Kontrollieren, ob alle Befehlsgruppen aktiviert wurden (3)

- Grundlegender Aufbau des Simulationsbereiches -

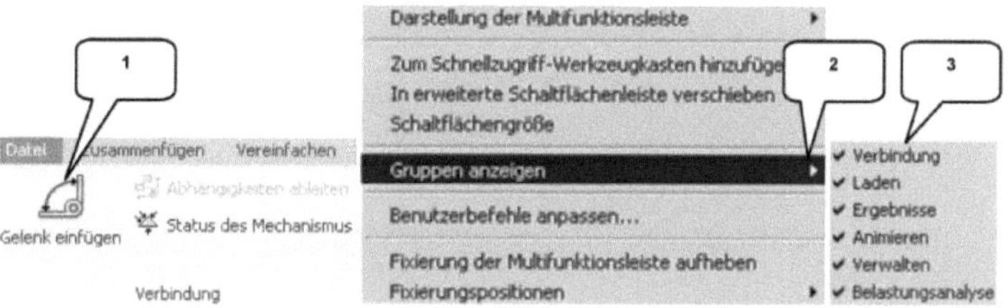

Die folgende tabellarische Übersicht soll die Befehlsgruppen mit den enthaltenen Befehlen darstellen.

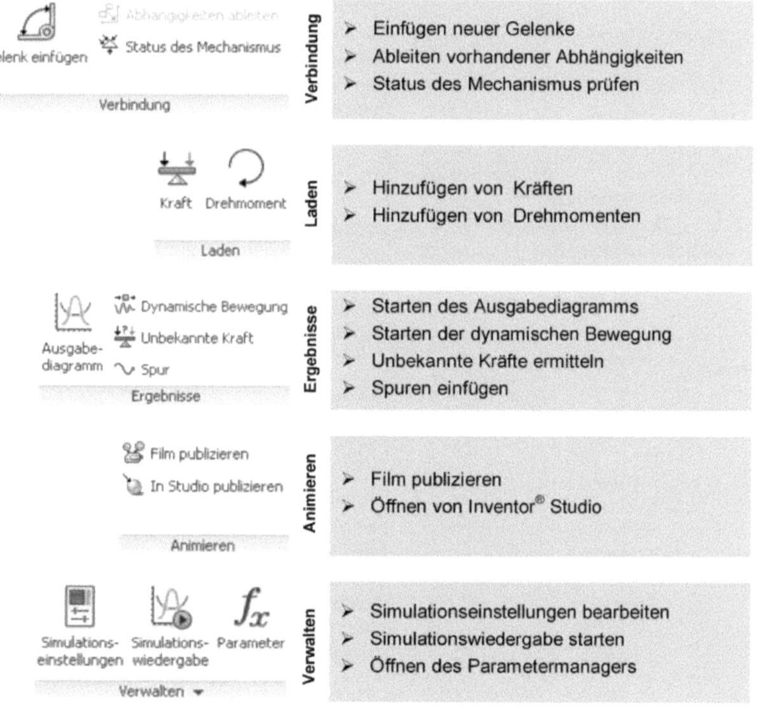

Verbindung
- Einfügen neuer Gelenke
- Ableiten vorhandener Abhängigkeiten
- Status des Mechanismus prüfen

Laden
- Hinzufügen von Kräften
- Hinzufügen von Drehmomenten

Ergebnisse
- Starten des Ausgabediagramms
- Starten der dynamischen Bewegung
- Unbekannte Kräfte ermitteln
- Spuren einfügen

Animieren
- Film publizieren
- Öffnen von Inventor® Studio

Verwalten
- Simulationseinstellungen bearbeiten
- Simulationswiedergabe starten
- Öffnen des Parametermanagers

- Grundlegender Aufbau des Simulationsbereiches -

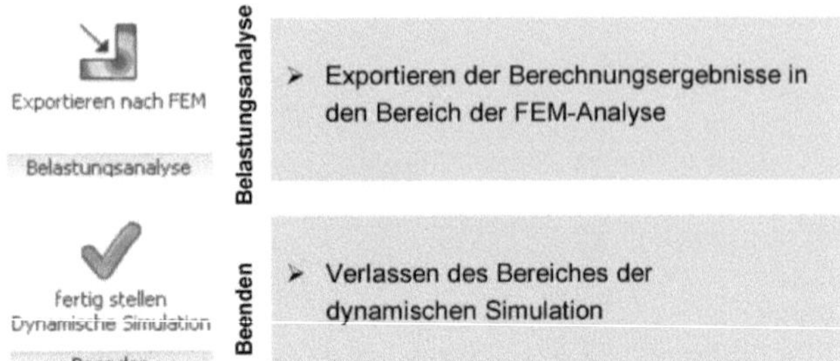

7.3.3 Der Browser und seine Ordner

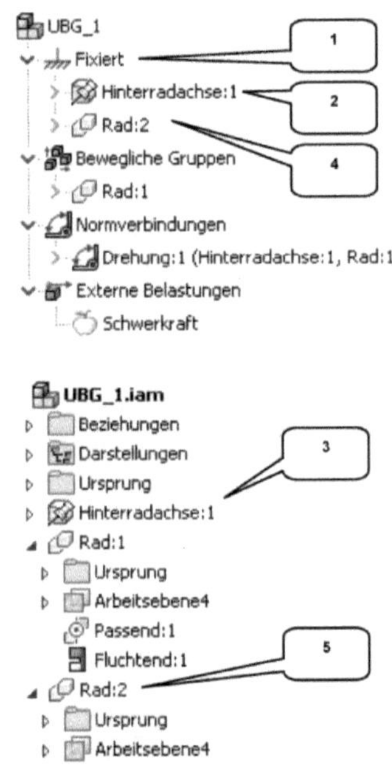

Der **Browser** im Bereich der dynamischen Simulation stellt den Mechanismus einer Baugruppe dar. Darin werden alle Komponenten, Gelenke und Belastungen einer Baugruppe aufgelistet. Die folgenden Ordner sollten bereits vorhanden sein:

Ordner *Fixiert*

Im Ordner *Fixiert* (1) werden alle Komponenten aufgelistet, die entweder keinen oder noch alle sechs Freiheitsgrade besitzen. Sie waren im Bereich der Baugruppenmodellierung also entweder noch frei beweglich oder fixiert.

Ordner	Freiheitsgrade
Fixiert	0 oder 6

Die Hinterradachse (2) der aktuellen Baugruppe ist im Ordner *Fixiert* angeordnet, weil Sie bereits im Baugruppenbereich keine Freiheitsgrade mehr hatte (3). Auch das zweite Rad (4) liegt in diesem Ordner. Es verfügte im Baugruppenbereich noch über alle Freiheitsgrade (5), weil dort keine Abhängigkeiten vergeben wurden.

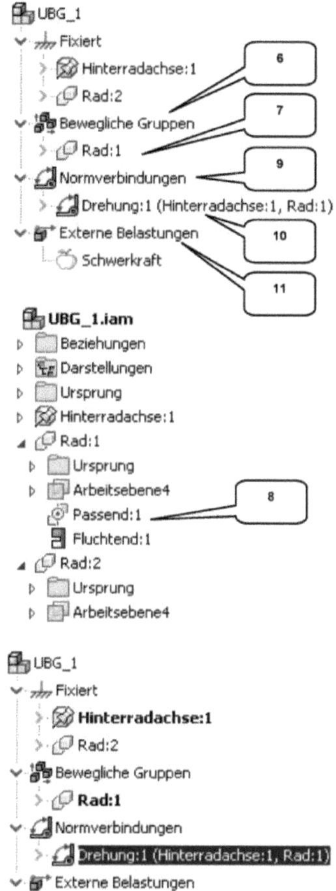

Ordner **Bewegliche Gruppen**

Im Ordner **Bewegliche Gruppen** (6) werden alle Komponenten einer Baugruppe gesammelt, welche zwischen einem und fünf Freiheitsgrade besitzen.

Ordner	Freiheitsgrade
Bewegliche Gruppen	1 bis 5

Im Ordner befindet sich das erste Rad (7), weil es noch genau einen (Rotations-) Freiheitsgrad besitzt. Diesem Bauteil wurden bereits im Baugruppenbereich zwei Abhängigkeiten (8) zugewiesen.

Ordner **Normverbindungen**

Der Ordner **Normverbindungen** (9) enthält alle in einer Baugruppe enthaltenen Gelenke. Darin befindet sich momentan nur ein einziges **Drehgelenk** (10). Es wurde vom Programm automatisch aus der Kombination der beiden Abhängigkeiten **Passend** und **Fluchtend** (8) erstellt.

Ordner **Externe Belastungen**

Der Ordner **Externe Belastungen** (11) beinhaltet alle Kräfte und Drehmomente die auf den Mechanismus einwirken. Aktuell ist die (allerdings noch deaktivierte) Schwerkraft darin enthalten.

Desweiteren können die folgenden **Ordner** im Browser der dynamischen Simulation erscheinen:

- **Rollverbindungen**
- **Schiebeverbindungen**
- **Kontaktverbindungen**
- **Kraftverbindungen**

Außerdem können die folgenden symbolischen ***Sonderbedingungen*** auftreten:

> ◿ ***Gelenke*** mit internen Kräften, Drehmomenten oder Grenzen
> ① ***Gelenke*** mit Redundanzen
> ▵ ***Objekte***, die deaktiviert oder unterdrückt wurden
> ⊠ ***Baugruppenabhängigkeiten***, die unterdrückt wurden

Weil die aktuelle Baugruppe recht übersichtlich ist, können die einzelnen Komponenten mit ihren zugehörigen Normverbindungen im Browser relativ schnell lokalisiert werden. Bei größeren Baugruppen wird das dann schon schwieriger. Um im Browser eine Komponente und die zugeordneten Normverbindungen schnell lokalisieren zu können, kann die gesuchte Komponente im Zeichenbereich mit der linken Maustaste angeklickt werden. Im Browser wird das entsprechende Bauteil dann hervorgehoben und die zugeordnete Normverbindung ***fett*** dargestellt.

Betrachtet man den Browser genauer, so findet man im Ordner ***Fixiert*** zum einen die Hinterradachse und zum anderen das Bauteil Rad:2. Die Hinterradachse wurde bereits im Baugruppenbereich fixiert, das zweite Rad hingegen besitzt noch alle sechs Freiheitsgrade und wird daher ebenfalls in diesem Ordner aufgelistet. Bewegt man das Rad:2 bei gedrückter linker Maustaste im Zeichenbereich, so kann man feststellen, dass es keineswegs fixiert ist, sondern sich problemlos bewegen lässt. Das geht allerdings nur beim manuellen Bewegen des Rades per Hand. Bei einer Simulation würde sich das Rad (unter den gegebenen Umständen) nicht bewegen.

Im Ordner ***Bewegliche Gruppen*** wird das Bauteil Rad:1 aufgelistet, da es nur noch einen Freiheitsgrad (Rotation um die Hinterradachse) besitzt. Dreht man dieses Rad jetzt bei gedrückter linker Maustaste etwas, so signalisiert ein dynamischer schwarzer Kraftvektor das vorhandene Gelenk und symbolisiert damit eine manuelle Krafteinwirkung durch das Drehen des Rades.

Im Ordner ***Normverbindungen*** wird ein Drehgelenk angezeigt, welches das Programm automatisch aus den beiden Abhängigkeiten (Achse auf Achse und Fläche auf Fläche) zwischen der Hinterradachse und dem zweiten Rad generiert hat. Erweitert man das Drehgelenk, so findet man darin die ursprünglichen beiden Abhängigkeiten.

Im Ordner ***Externe Belastungen*** befindet sich derzeit nur die Schwerkraft, welche momentan allerdings noch grau hinterlegt, also nicht aktiviert ist.

7.4 Die Baugruppenumgebung und die dynamische Simulation
7.4.1 Freiheitsgrade im Bereich der Baugruppenmodellierung

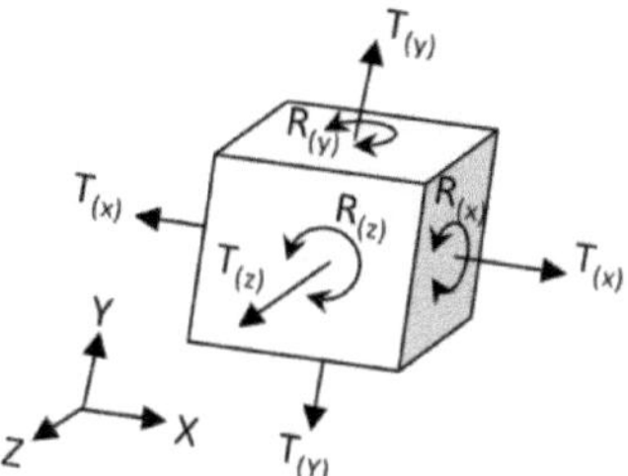

Weil Gelenkverbindungen im Bereich der dynamischen Simulation eine sehr wichtige Rolle spielen, sollten einige wichtige Grundlagen erläutert werden. Eine Komponente in der Inventor® Baugruppenumgebung kann grundsätzlich jede beliebige Position und Ausrichtung einnehmen, da sie dort frei beweglich ist.

Sie verfügt darin über insgesamt sechs Freiheitsgrade und kann sich entlang der drei Achsen (**X**, **Y**, **Z**) linear verschieben (Translation T_X, T_Y, T_Z) und außerdem um jede der drei Achsen frei drehen (Rotation R_X, R_Y, R_Z).

7.4.2 Freiheitsgrade im Bereich der dynamischen Simulation

Anders ist es im Bereich der **dynamischen Simulation**: Hier besitzt eine Komponente grundsätzlich keinen Freiheitsgrad (zumindest nicht während einer Simulation) wenn dies nicht vorab definiert wurde. Soll ein Bauteil also eine bestimmte Bewegung während der Simulation ausführen, so muss es vorab mit dem entsprechenden Gelenk versehen werden.

7.5 Die Simulationseinstellungen
7.5.1 Grundlagen: Simulationseinstellungen

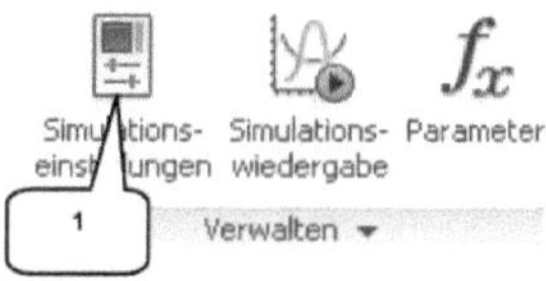

> Befehlsgruppe **Verwalten**
> Simulationseinstellungen (1)

In den **Simulationseinstellungen** kann definiert werden, ob Abhängigkeiten aus dem Baugruppenbereich beim Öffnen des Bereiches der dynamischen Simulation automatisch in Normgelenke konvertiert werden sollen, ob das Programm beim Start auf Redundanzen hinweisen soll und ob mobile Gruppen farblich darzustellen sind.

7.5.2 Abhängigkeiten in Gelenkverbindungen konvertieren

Das Programm kann Abhängigkeiten/ Verbindungen aus der Baugruppenmodellierung automatisch in Gelenke konvertieren, sofern diese Option in den Simulationseinstellungen aktiviert wurde. Je nach Konstellation der Abhängigkeiten entstehen dabei unterschiedliche Verbindungsarten (Gelenkverbindungen). Die folgende tabellarische Übersicht stellt die Kombinationsmöglichkeiten verschiedener Abhängigkeiten und die daraus resultierenden Gelenkverbindungen dar:

Gelenkverbindung	Option	Abhängigkeiten
Drehung	1	Einfügen
	2	Passend (Linie auf Linie) + (Fläche auf Fläche)
Prismatisch	1	2x Passend (Fläche auf Fläche)
Zylindrisch	1	Passend (Linie auf Linie)
	2	Passend (zylindrische Fläche auf zylindrische Fläche)
Kugelförmig	1	Passend (Punkt auf Punkt)
	2	Passend (kugelförmige Fläche auf kugelförmige Fläche)
Eben	1	Passend (Fläche auf Fläche)
Punkt-Linie	1	Passend (Linie auf Punkt)
	2	Passend (Linie auf kugelförmige Fläche)
Linie-Ebene	1	Passend (Linie auf Fläche)
Punkt-Ebene	1	Passend (Punkt auf Fläche)
	2	Passend (Fläche (planar) auf Fläche (konkav)
Verschweißt	1	Bauteil fixiert

7.5.3 Überprüfen der Simulationseinstellungen

Standardmäßig ist in den **Simulationseinstellungen** aktiviert, dass Abhängigkeiten aus dem Baugruppenbereich automatisch in Normgelenke konvertiert werden (besonders bei großen Baugruppen ist das vorteilhaft). Manchmal allerdings sollen Gelenkverbindungen erst im Bereich der dynamischen Simulation erzeugt werden: dann muss diese Option deaktiviert sein. Diese Option soll in der folgenden Übung ausprobiert werden.

▦ Simulationseinstellungen (1)
➤ Deaktivieren: Abhängigkeiten automatisch in Normgelenke konvertieren (2)
➤ Restliche Einstellungen übernehmen
➤ Nein (Hinweisfenster) (3)
➤ OK (4)

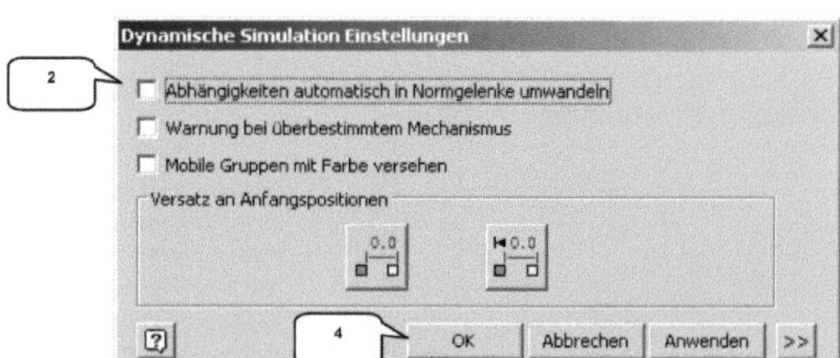

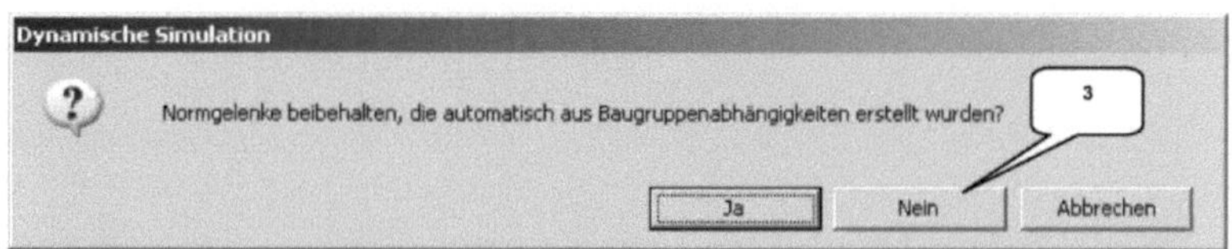

HINWEIS: Wenn die **Einstellungen** im Bereich der dynamischen Simulation bearbeitet werden und die darin enthaltene Option **Abhängigkeiten automatisch in Normgelenke umwandeln** deaktiviert wird, so erscheint im Programm die oben dargestellte Hinweismeldung. Darin ist festzulegen ob die bereits automatisch konvertierten Gelenke weiterhin in der Baugruppe bleiben sollen, oder vollständig zu entfernen sind. Diese Option sollte mit Bedacht gewählt werden, da eine unbeabsichtigte Löschung aller Gelenke unter Umständen zu erheblichem Mehraufwand führen kann, hier aber nötig ist.

7.6 Gelenkverbindungen einfügen
7.6.1 Grundlagen: Gelenke in der dynamischen Simulation

Bevor das zweite Rad jetzt an der Hinterradachse befestigt werden kann, sollten einige Grundlagen zu den Gelenkverbindungen erläutert werden.

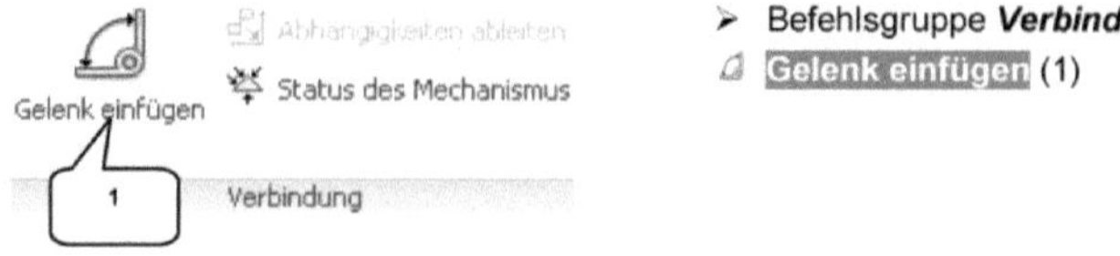

> Befehlsgruppe **Verbindung**
> Gelenk einfügen (1)

- Gelenkverbindungen einfügen -

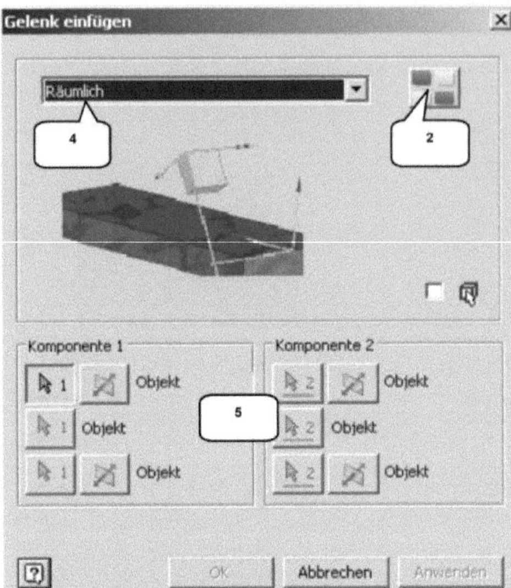

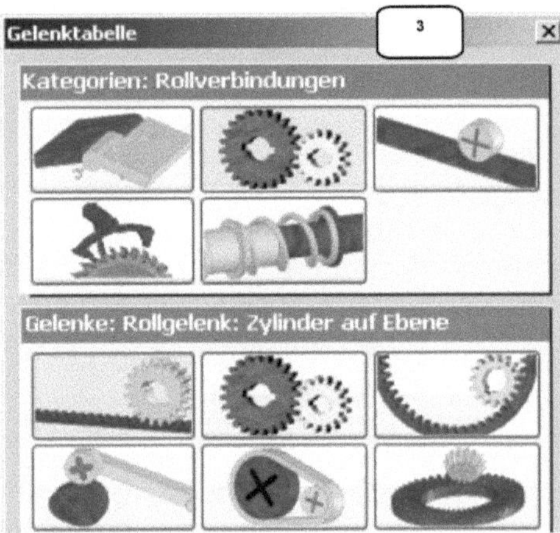

Der Befehl beinhaltet diverse Gelenkverbindungen, die den folgenden Kategorien zugeordnet werden:

> *Normverbindungen*
> *Rollverbindungen*
> *Kontaktverbindungen*
> *Schiebeverbindungen*
> *Kraftverbindungen*

Eine tabellarische Übersicht über die verschiedenen Kategorien erhält man durch einen Klick auf das **Symbol** (2). Wählt man darin eine der Kategorien aus, so öffnet sich die passende Gelenktabelle (3).

Alle Gelenkverbindungen können auch direkt (ohne die vorherige Auswahl der Kategorie) aus einer Liste (4) heraus aktiviert werden.

Wurde eine der Gelenkverbindungen gewählt, sind die entsprechenden Referenzen zur Positionierung zu definieren. Je nach Gelenktyp können dabei Achsen, Flächen, Punkte oder Körperkanten verwendet werden.

In der folgenden Übersicht wurden die Kategorien und ihre enthaltenen Gelenkverbindungen aufgelistet:

- Gelenkverbindungen einfügen -

 **Normverbindungen**

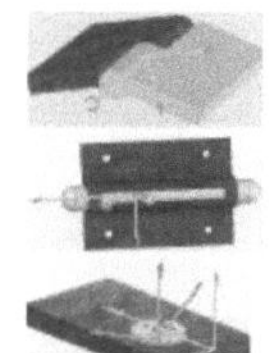 Drehung

 Prismatisch

 Zylindrisch

 Kugelförmig

 Eben

 Punkt-Linie

 Linie-Ebene

 Punkt-Ebene

 Räumlich

Verschweißt

 **Rollverbindungen**

 Zylinder auf Ebene

 Zylinder auf Zylinder

 Zylinder in Zylinder

 Zylinder auf Kurve

 Riemen

 Kegel auf Ebene

 Kegel auf Kegel

 Kegel in Kegel

 Schraube

 Schneckenrad

 **Kontaktverbindungen**

 2D-Kontakt

 **Gleitverbindungen**

 *Zylinder auf Ebene*

Zylinder in Zylinder

Punkt auf Kurve

 *Zylinder auf Zylinder*

Zylinder auf Kurve

 **Kraftverbindungen**

3D-Kontakt

Feder/ Dämpfung/ Buchse

7.6.2 Erstellen eines Drehgelenks

Das zweite (noch unbefestigte) Rad soll jetzt über ein **Drehgelenk** mit der Hinterradachse verbunden werden.

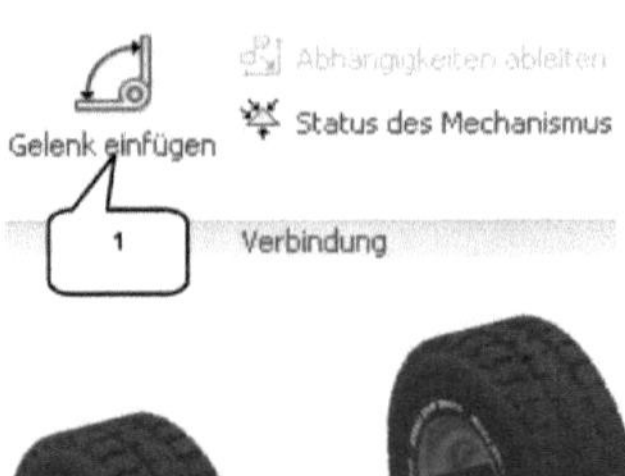

> Befehlsgruppe **Verbindung**
> Gelenk einfügen (1)
> Auswahlmenü erweitern (2)
> Drehung (3)
> Komponente 1 (Z-Achse):
  Bohrungszylinder (Rad:2) (4)
> Komponente 1 (Ursprung):
  Bohrungskante (Rad:2) (5)
> Komponente 2 (Z-Achse):
  Zylinder (Hinterradachse:1) (6)
> Komponente 2 (Ursprung):
  Kreiskante (Hinterradachse:1) (7)
> **OK**

- Gelenkverbindungen einfügen -

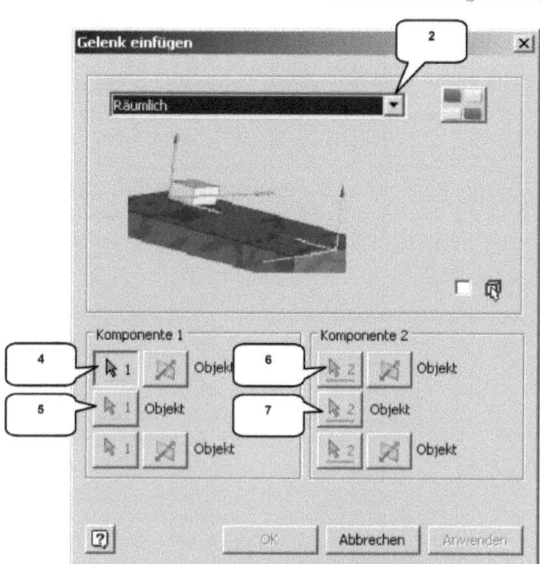

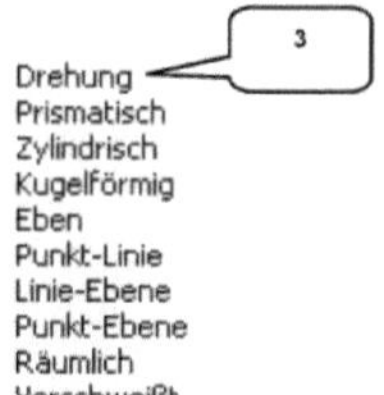

HINWEIS: Bei der Platzierung von Gelenkverbindungen sollte stets die noch unbefestigte Komponente ausgewählt werden. Vorhandene Abhängigkeiten könnten ansonsten unbeabsichtigt gelöscht werden.

- Gelenkverbindungen einfügen -

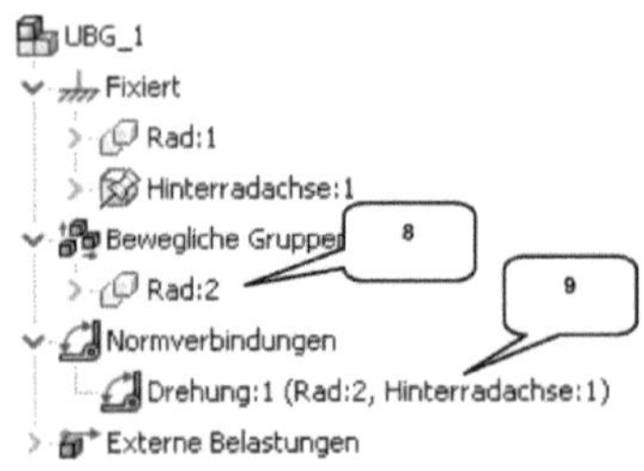

Im Browser ist jetzt zu sehen, dass das zweite Rad aus dem Ordner *Fixiert* in den Ordner *Bewegliche Gruppen* verschoben wurde (8). Weiterhin ist zu sehen, dass zwischen beiden Komponenten ein Drehgelenk erzeugt wurde (9). Dreht man das zweite Rad bei gedrückter linker Maustaste darauf, so erscheint ein schwarzer Pfeil: er stellt einen Kraftvektor dar, der das neue Drehgelenk bestätigt.

7.6.3 Gelenke von vorhandenen Abhängigkeiten ableiten

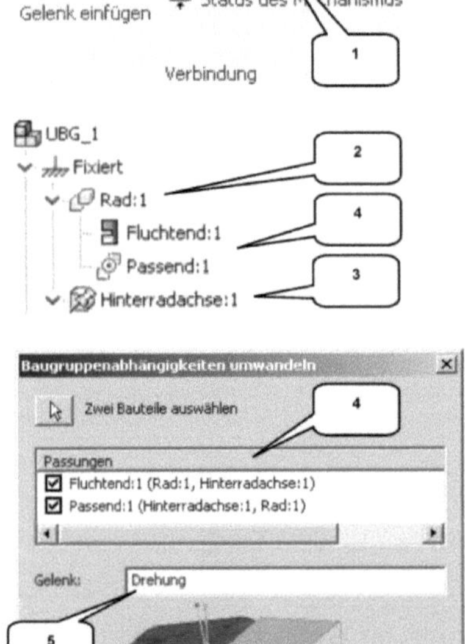

Nachdem eines der Räder durch ein Drehgelenk mit der Hinterradachse verbunden wurde, soll nun auch das zweite Rad damit verbunden werden. Neben der Möglichkeit Gelenke über den Befehl *Gelenk einfügen* zu erzeugen, können diese auch - sofern noch „unbenutzte" Abhängigkeiten vorhanden sind - von bereits im Baugruppenbereich definierten Abhängigkeiten abgeleitet werden.

Abhängigkeiten ableiten (1)

➤ Nacheinander im Browser auf die beiden Bauteile *Rad:1* (2) und *Hinterradachse:1* (3) klicken

Im Befehlsfenster werden jetzt die Passungen (Abhängigkeiten) *Fluchtend* und *Passend* (4) angezeigt, die zwischen den beiden Bauteilen bestehen und das Programm kombiniert daraus automatisch ein *Drehgelenk* (5).

➤ OK (Befehlsfenster)

Die Unterbaugruppe *UBG_1.iam* kann jetzt *gespeichert* und *geschlossen* werden.

7.7 Montage der Hauptbaugruppe
7.7.1 Öffnen der Hauptbaugruppe

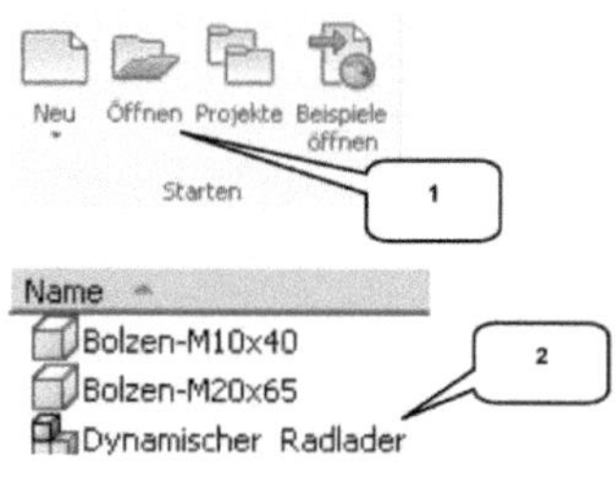

Öffnen Sie die Hauptbaugruppe **Dynamischer_Radlader.iam** welche jetzt komplettiert werden soll.

Öffnen (1)
- Order: Projektordner wählen
- Dateiname: Dynamischer_Radlader (2)
- Dateityp: *.iam
- Öffnen **Öffnen**

Der Radlader wurde bereits grundlegend zusammengesetzt und muss lediglich um die Hinterradachse und die beiden Hinterräder ergänzt werden. Weil diese 3 Bauteile bereits in der vorangegangenen Übung in der Unterbaugruppe **UBG_1.iam** zusammengesetzt wurden, kann diese Unterbaugruppe in einem Schritt eingefügt werden.

7.7.2 Platzieren der Unterbaugruppe UBG_1

Arbeitsbereich: 
Baugruppe (Zusammenfügen)

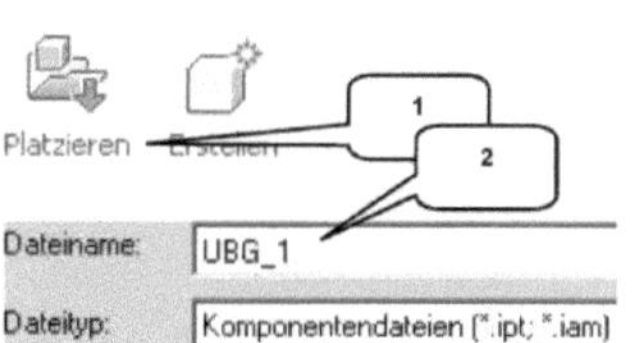

Komponente platzieren (1)
- UBG_1 (2)
- Dateityp: *.iam
- Öffnen **Öffnen**
- Baugruppe 1x frei ablegen
- Taste: **ESC**

Nachdem die Unterbaugruppe **UBG_1.iam** in die Hauptbaugruppe eingefügt wurde, soll sie durch ein Drehgelenk mit dem Bauteil **Maschinengehäuse.ipt** verbunden werden. Anstelle einer Kombination einer axialen Abhängigkeit mit einer Flächenabhängigkeit soll diesmal bereits im Baugruppenbereich eine Gelenkverbindung definiert werden.

7.7.3   Unterbaugruppe UBG_1 drehbar lagern

Im Bereich der Baugruppenmodellierung gibt es neben der Möglichkeit, Komponenten durch das Setzen von Abhängigkeiten miteinander zu verbinden auch die Möglichkeit, **Gelenk-verbindungen** zu erzeugen. Sie kombinieren verschiedene Abhängigkeiten miteinander und weisen Komponenten in einem Schritt den gewünschten Bewegungsablauf zu. Dabei werden genauso viele Freiheitsgrade übrig gelassen, wie das Gelenk benötigt. Neben der wesentlich schnelleren Platzierung von Gelenkeigenschaften hat dieser Befehl einen weiteren Vorteil: Die im Bereich der dynamischen Simulation gewünschten Gelenkverbindungen können bereits im Bereich der Baugruppenmodellierung eindeutig definiert werden. Bei der Konvertierung von Abhängigkeitskonstellationen für den Bereich der dynamischen Simulation können somit keine Fehlinterpretationen des Programms beim Konvertieren von Abhängigkeiten in Gelenkverbindungen auftreten.

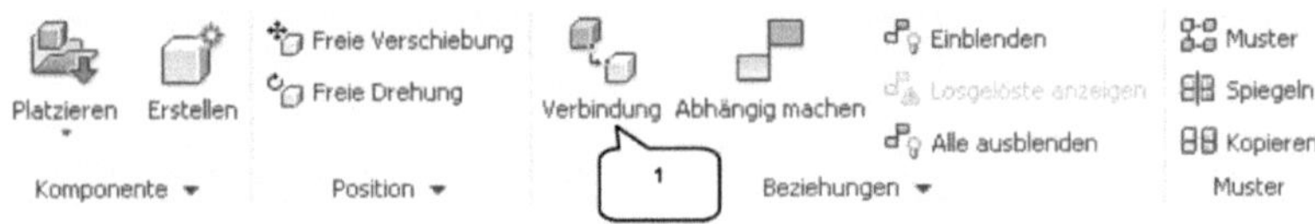

Verbindung (1)

➢ Typ: Drehbar (2)

➢ Abstand: 0 mm (3)

➢ Verbinden 1: Mittleren Ursprungspunkt der Hinterachse wählen (4)

➢ Verbinden 2: Mittleren Ursprungspunkt der Zylinderbohrung am Gehäuse wählen (5)

➢ **OK**

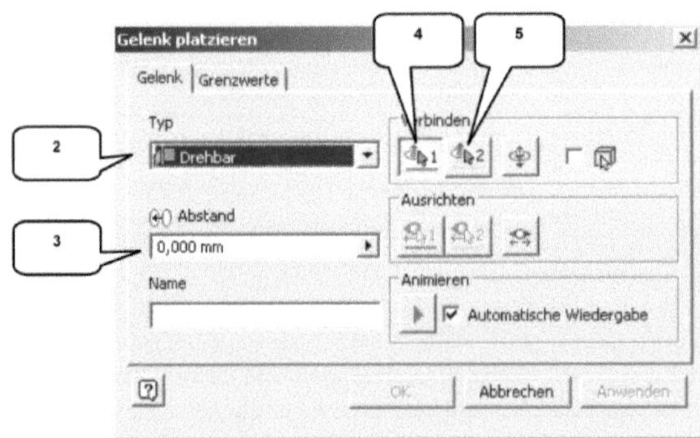

- Der Radlader im Bereich der dynamischen Simulation -

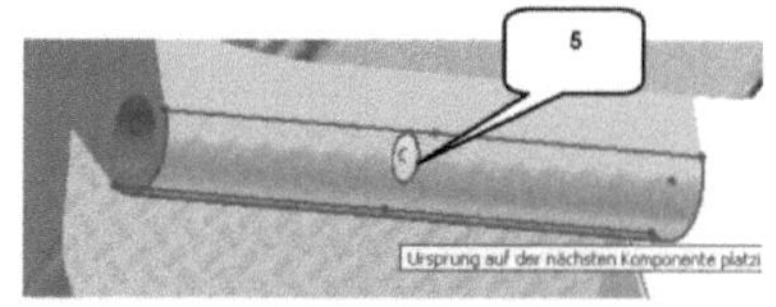

Sobald die beiden Referenzpunkte ausgewählt wurden, verschiebt das Programm die
Unterbaugruppe **UBG_1.iam** in die Bohrung
des **Maschinengehäuses**.

Die Baugruppe sollte zu diesem Zeitpunkt
noch einmal **gespeichert** werden, da anschließend in den Bereich der **dynamischen Simulation** gewechselt wird.

7.8   Der Radlader im Bereich der dynamischen Simulation
7.8.1   Überprüfen der Simulationseinstellungen

Arbeitsbereich:
Dynamische Simulation

> Register **Umgebungen** (1)
> **Dynamische Simulation** (2)

> Befehlsgruppe **Verwalten**
> **Simulationseinstellungen** (3)

HINWEIS: Der Hinweis des Programms auf eine Überbestimmung des Mechanismus kann
mit **OK** bestätigt werden. Es weist dabei lediglich auf vorhandene Redundanzen hin.

In den **Simulationseinstellungen** sollte noch einmal überprüft werden, ob die Option **Abhängigkeiten automatisch in Normgelenke umwandeln** aktiviert ist (4). Das Fenster kann
danach wieder geschlossen werden.

- Der Radlader im Bereich der dynamischen Simulation -

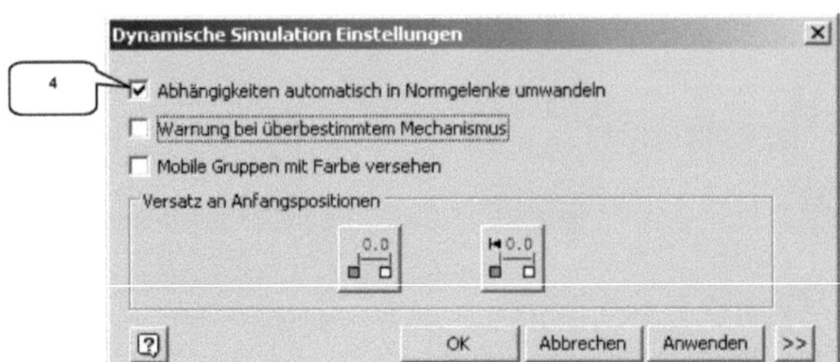

7.8.2 Betrachten der automatisch erstellten Normverbindungen

Weil es in den Simulationseinstellungen im letzten Arbeitsschritt so definiert wurde, hat das Programm alle Verbindungen und Abhängigkeiten bereits in Normgelenke konvertiert. Erweitert man im Browser den Ordner ***Normverbindungen*** (1) so findet man darin alle bereits vorhandenen Normgelenke. Erweitert man die einzelnen Gelenke (2) so findet man darin die jeweiligen Verbindungen oder Abhängigkeiten aus dem Baugruppenbereich, aus denen die Gelenke erstellt wurden.

Der Klick der rechten Maustaste auf eine der Verbindungen oder Abhängigkeiten erscheint das Kontextmenu. Darin finden sich Optionen, diese Verbindungen oder Abhängigkeiten zu löschen oder zu unterdrücken, was weiterhin eine Änderung des jeweiligen Gelenkes nach sich zieht.

7.9 Manuelle und automatische Simulation
7.9.1 Was ist eine Simulation

Eine Simulation im Bereich der dynamischen Simulation ist die Berechnung eines Mechanismus unter Beachtung aller Parameter und Randbedingungen. Hier gibt es grundsätzlich 2 verschiedene Möglichkeiten: die manuelle und die automatische Simulation. Die manuelle Simulation (Befehl: **Dynamische Bewegung**) entspricht der einfachen Bewegung des Mechanismus bei gedrückter linker Maustaste darauf, wobei alle Kräfte und Gelenke in die Berechnung des Bewegungsablaufes mit einbezogen werden. Bei der automatischen Simulation (Befehl: **Simulationswiedergabe**) kann der Mechanismus nicht per Hand bewegt werden. Das Programm berechnet den exakten Bewegungsablauf des Mechanismus automatisch.

7.9.2 Grundlagen: Dynamische Bauteilbewegung (manuelle Simulation)

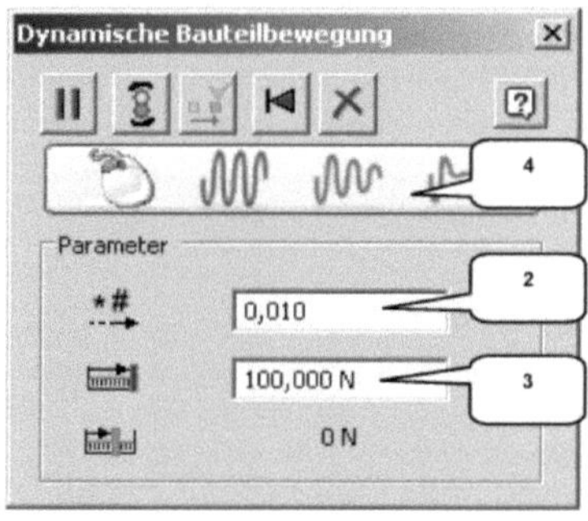

➤ Befehlsgruppe **Ergebnisse**
Dynamische Bewegung (1)

Bei der **dynamischen Bauteilbewegung** wird der Mechanismus durch die Bewegung der Maus bei gedrückter linker Maustaste auf ein Bauteil animiert. Die Mausbewegung simuliert hierbei eine äußere Krafteinwirkung deren Multiplikationsfaktor (2) und Maximalwert (3) zu definieren sind.

Optional kann bei dieser Simulation ungedämpft, leicht gedämpft oder mit einer starken Dämpfung gearbeitet werden (4).

Das Befehlsfenster kann bereits wieder **geschlossen** werden (5).

HINWEIS: Leider reagiert das Programm auf diesen Befehl sehr sensibel, was häufig einen Programmabsturz zur Folge hat. Hier hilft dann oft nur ein Neustart des Programms.

7.9.3 Grundlagen: Simulationswiedergabe (automatische Simulation)

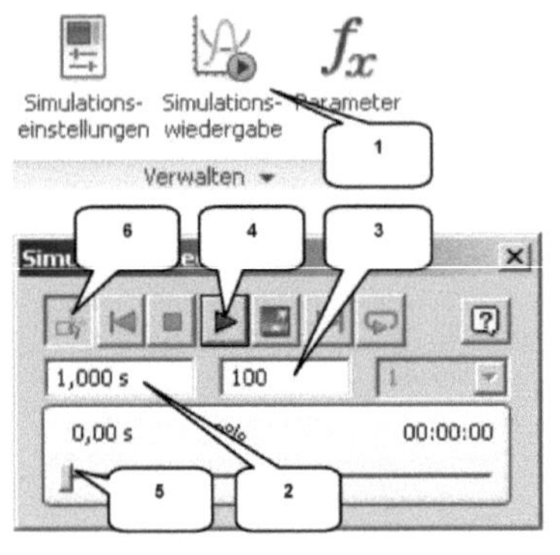

> Befehlsgruppe **Verwalten**
> **Simulationswiedergabe** (1)

In der **Simulationswiedergabe** wird der gesamte Mechanismus unter Beachtung der voreingestellten Parameter (wie z. B. Reibung und Dämpfung) und unter Einwirkung äußerer Kräfte und Drehmomente (automatisch) simuliert. Die Simulationsdauer (2) und die daraus resultierende Anzahl an Bildberechnungen (3) kann frei definiert werden. Nach Simulationsstart (4) signalisiert der Schieberegler (5) den zeitlichen Verlauf. Durch den Konstruktionsmodus (6) wird die eigentliche Simulation verlassen.

7.9.4 Starten der ersten Simulation

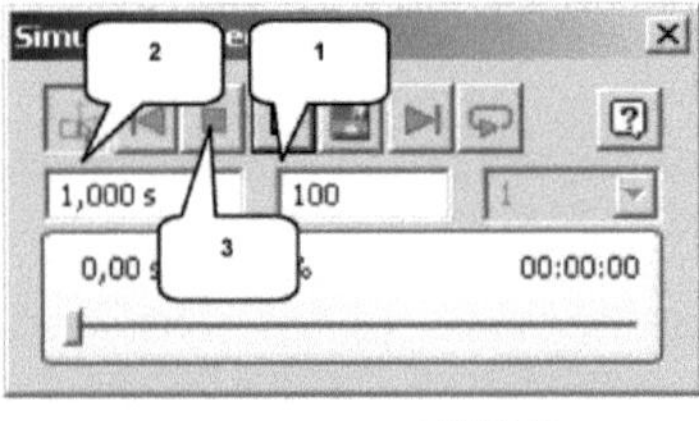

Um die erste Simulation durchführen zu können muss im Fenster **Simulationswiedergabe** die Wiedergabe gestartet werden.

> ▶ **Wiedergabe** (1)
> Simulation vollständig ablaufen lassen
> **Konstruktionsmodus** (2)

HINWEIS: Der Button ☐ **Stopp** (3) beendet eine Simulation vorzeitig. Der Button **Konstruktionsmodus** (2) lässt das Programm in den Konstruktionsbereich zurückkehren.

Leider war der Schieberegler (4) das Einzige, was sich während der Simulation bewegte: der Rest der Baugruppe **blieb starr!**

Der Grund ist folgender: Eine Simulation erfordert mindestens eine Gelenkverbindung und mindestens eine Kraft/ einen Antrieb. Gelenkverbindungen gibt es genügend in der Baugruppe, allerdings wurden noch keine Kräfte aktiviert.

7.10 Definition der Schwerkraft
7.10.1 Die Normalfallbeschleunigung

Die einfachste Möglichkeit den gesamten Mechanismus anzutreiben, ist die Definition der Normalfallbeschleunigung. Im Browser befindet sich an unterster Stelle ein Ordner **externe Belastungen**, welcher zu erweitern und die darin enthaltene **Schwerkraft** zu bearbeiten ist.

Da der Radlader auf der XZ-Ebene steht, muss die Normalfallbeschleunigung in negativer Richtung der Y-Achse wirken. Hierfür ist im entsprechenden Eingabebereich der Wert der Normalfallbeschleunigung (g) in der Zeile g[Y] mit -9810 mm/s^2 festzulegen.

HINWEIS: Sollte sich die Richtung der Schwerkraft nicht definieren lassen und der gesamte Browser noch grau dargestellt sein, so befinden Sie sich unter Umständen noch im Simulationsmodus. In diesem Fall muss im Fenster der Simulationswiedergabe der Button **Konstruktionsmodus** gewählt werden (siehe vorheriges Kapitel).

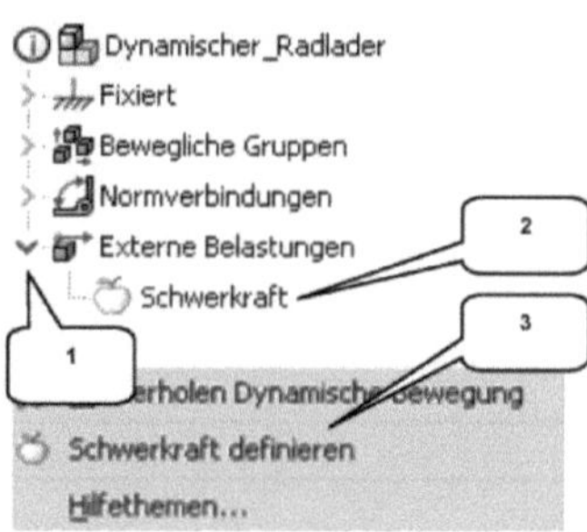

> **Externe Belastungen** erweitern (1)
> **Rechte Maustaste** auf **Schwerkraft** (2)
> **Schwerkraft definieren** (3)

> Deaktivieren: Unterdrücken (4)
> Aktivieren: Vektorkomponenten (5)
> g[Y]: -9810 mm/s^2 (6)
> **OK**

🍎 **Newtons Apfel** sollte jetzt im Browser gelb dargestellt werden, was durch die aktivierte Schwerkraft symbolisiert wird. Der Richtungsvektor der Schwerkraft wird durch einen gelben Pfeil (6) dargestellt. Speichern Sie die Baugruppe sollte vor dem nächsten Schritt gespeichert werden.

💾 **Speichern** (Ja für alle)

- Definition der Schwerkraft -

7.10.2 Ausführen und Aufzeichnen der Simulation

Vor der nächsten Simulation sollte der Hubapparat des Radladers bei gedrückter linker Maustaste leicht nach oben bewegt werden (siehe Abbildung).

- ➢ Hubapparat nach oben bewegen (1)
- ➢ ▶ *Wiedergabe* (2)
- ➢ Simulation ablaufen lassen
- ➢ *Konstruktionsmodus* (3)

Die Schwerkraft müsste den Hubapparat während der Simulation nach unten bewegt haben, wobei allerdings alle anderen Bauteile durchschlagen wurden (4). Das Programm erkennt Kollisionen leider auch im Bereich der dynamischen Simulation nicht automatisch.

HINWEIS: Das Programm erkennt weder im Bereich der Baugruppenmodellierung noch im Bereich der dynamischen Simulation automatisch *Kollisionen*, wenn die hierfür benötigten Kontrollmechanismen nicht vorab definiert wurden. Im Bereich der Baugruppenmodellierung können Bewegungen begrenzt oder Kontaktsätze definiert werden: Kollisionen werden dann automatisch erkannt und Bewegungen begrenzt. Solche Möglichkeiten gibt es natürlich auch im Bereich der dynamischen Simulation.

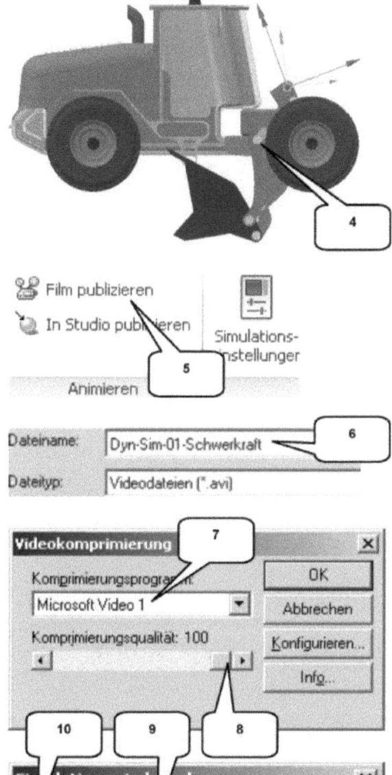

Die letzte Simulation soll noch einmal wie-
derholt werden um sie zusätzlich als Video
zu speichern. Das ist möglich wenn vorher
der Befehl *Film publizieren* gestartet wurde.

Film publizieren (5)

> Dateiname: Dyn-Sim-01-Schwerkraft (6)
> Dateityp: *.avi
> Speicherort: Projektordner
> Speichern *Speichern*

> Komprimierung: Microsoft Video 1 (7)
> Qualität: 100 % (8)
> OK *OK*

> ▶ *Wiedergabe* (9)
> Simulation ablaufen lassen
> *Konstruktionsmodus* (10)

Nach der erfolgten Simulation und dem an-
schließenden Wechsel in den Konstruktionsmodus, muss der Befehl *Film publizieren* erneut angeklickt werden, um die Vi-
deoaufnahme zu beenden.

Film publizieren (5)

Die Videodatei *Dyn-Sim-01-Schwer-
kraft.avi* (11) kann jetzt im Projektordner
gestartet werden, wofür ein beliebiger Vi-
deo-Player benötigt wird.

Die Auswertung der Simulation lässt darauf
schließen, dass der Mechanismus der Baugruppe grundlegend überarbeitet werden
muss, um einen funktionstüchtigen Bewegungsablauf zu erreichen.

- Begrenzen der Hubbewegung -

Der Bereich der dynamischen Simulation sollte jetzt verlassen werden um im Bereich der Baugruppenmodellierung erste Optimierungen an der Baugruppe vorzunehmen.

✔ **Fertigstellen** (12)

7.11   Begrenzen der Hubbewegung
7.11.1 Festlegen der Grenzwerte für die Hubbewegung

Arbeitsbereich:
Baugruppe (Zusammenfügen)

Im ersten Schritt soll der (unkontrollierte) freie Fall des Hubapparates begrenzt werden, wofür eine der vorhandenen Gelenkverbindungen zu bearbeiten ist.

Wird im Browser das Bauteil *Hubrahmen:1* erweitert, findet man darin 4 verschiedene Drehgelenke (zu erkennen am Symbol) sowie eine starre Verbindung. Beim Klicken mit der rechten Maustaste auf das Drehgelenk *Hubrahmen_Rotation_R* erscheint ein Kontextmenu. Wird darin die Option *Bearbeiten* ausgewählt, öffnet sich das Befehlsfenster *Gelenk bearbeiten*.

➢ Bauteil *Hubrahmen:1* im Browser erweitern (1)
➢ *Rechte Maustaste* auf Drehgelenk *Hubrahmen_Rotation_R* (2)
➢ *Bearbeiten* (3)

- Begrenzen der Hubbewegung -

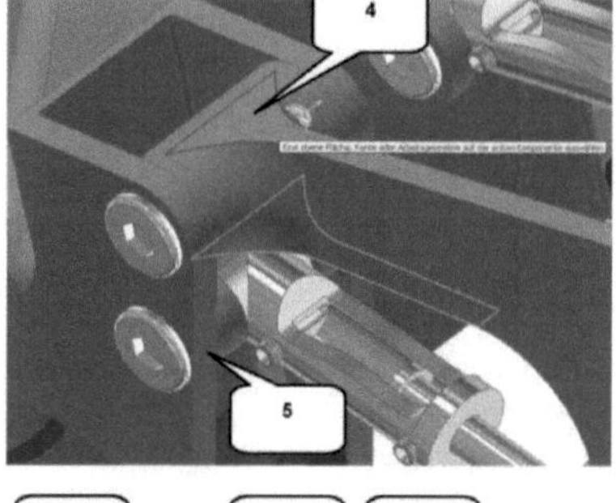

Durch die zusätzliche Definition einer Winkelbegrenzung soll die Drehbewegung des Gelenks eingeschränkt werden, was sich anschließend auch in den Bereich der dynamischen Simulation übertragen sollte.

➢ Ausrichten 1: Fläche Hubrahmen:1 (4)
➢ Ausrichten 2: Fläche Maschinenrahmen:1 (5)

Im Register **Grenzwerte** kann jetzt der Winkel definiert werden:

➢ Register **Grenzwerte** (6)
➢ Aktivieren: Start (7)
➢ Startwinkel: 60 ° (8)
➢ Aktueller Winkel: 123 ° (9)
➢ Aktivieren: Ende (10)
➢ Endwinkel: 123 ° (11)
➢   OK   **OK**

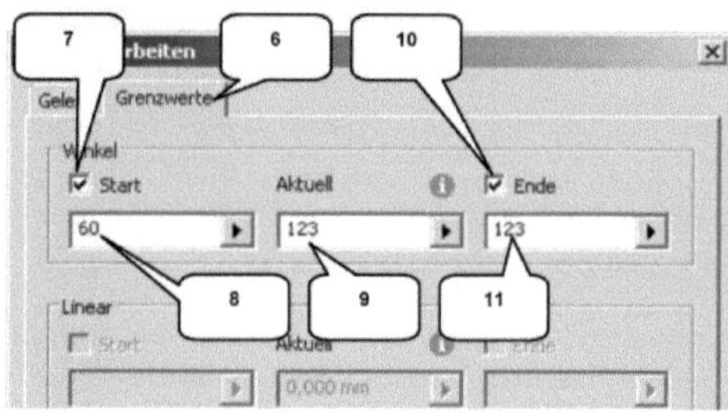

Die Begrenzung der Drehbewegung wird im Browser durch ein +/- **Symbol** (14) gekennzeichnet und ist dadurch leicht zu erkennen. Das Hubsystem kann jetzt bei gedrückter linker Maustaste nach oben gezogen werden, bis die in Abbildung (13) dargestellte Position erreicht wurde. Die Baugruppe ist im Anschluss daran zu speichern.

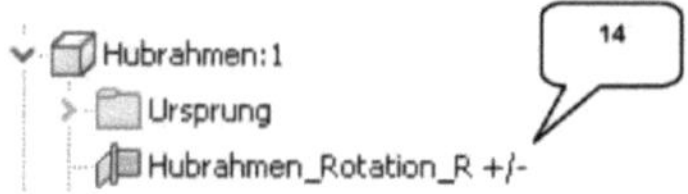

🖫 **Speichern**

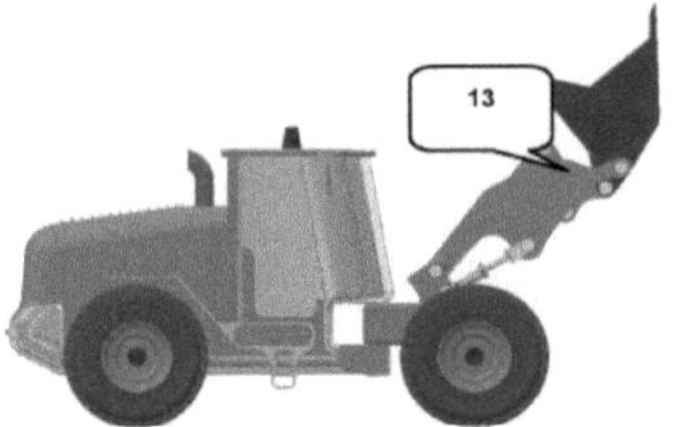

HINWEIS: Sollte das Programm das Setzen der letzten Winkelbegrenzung nicht akzeptieren, so hilft es manchmal, den Befehl zu beenden, die Position des Hubsystems leicht zu verändern und den Befehl zu wiederholen. Leider reagiert das Programm bei solchen Arbeitsschritten teilweise etwas sensibel.

7.11.2 Ausführen und Aufzeichnen der Simulation

Arbeitsbereich:
Dynamische Simulation

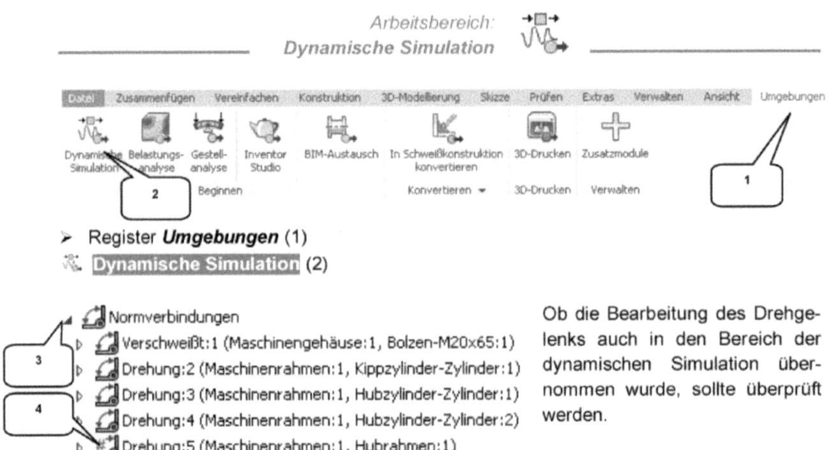

> Register **Umgebungen** (1)

Dynamische Simulation (2)

Ob die Bearbeitung des Drehgelenks auch in den Bereich der dynamischen Simulation übernommen wurde, sollte überprüft werden.

Hierfür ist im Browser der Ordner **Normverbindungen** zu erweitern und darin das Drehgelenk zwischen den Bauteilen Maschinenrahmen:1 und Hubrahmen:1 (3) zu lokalisieren. Achten Sie dabei einfach auf ein **Drehgelenk** mit einem # - Symbol.

Klicken Sie mit der rechten Maustaste darauf und wählen Sie im Kontextmenu die **Eigenschaften**. Wechseln Sie darin ins Register **Freiheitsgrad** und kontrollieren Sie in den Anfangsbedingungen die Grenzwerte (60° bis 123°). Schließen Sie das Befehlsfenster anschließend und überprüfen Sie die Auswirkungen der neuen Einstellungen auf den Mechanismus, wofür eine weitere Simulation durchzuführen ist.

- Begrenzen der Hubbewegung -

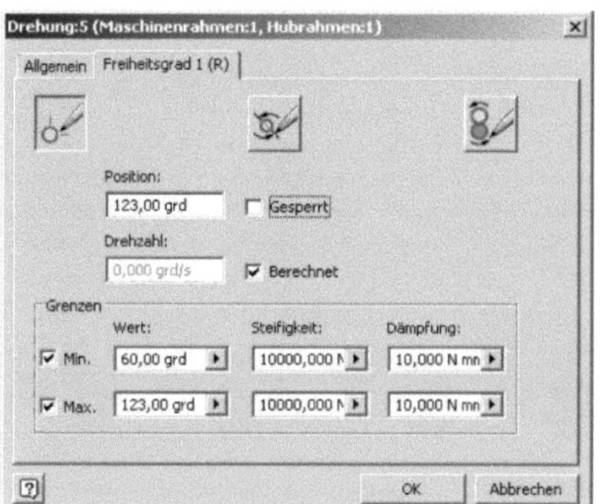

> Ordner **Normverbindungen** erweitern (3)
> **Rechte Maustaste** auf Drehgelenk der Bauteile Maschinenrahmen:1 und Hubrahmen:1 (4)
> Option: Eigenschaften (5)
> Grenzwerte kontrollieren (6)
> ☐ *OK* **OK**

Sollten die Grenzwerte übereinstimmen, soll eine neue Simulation jetzt ihre Funktionalität überprüfen.

☃ **Film publizieren**
> Dateiname:
  Dyn-Sim-02-Hubbegrenzung (3)
> Dateityp: *.avi
> ☐ Speichern **Speichern**

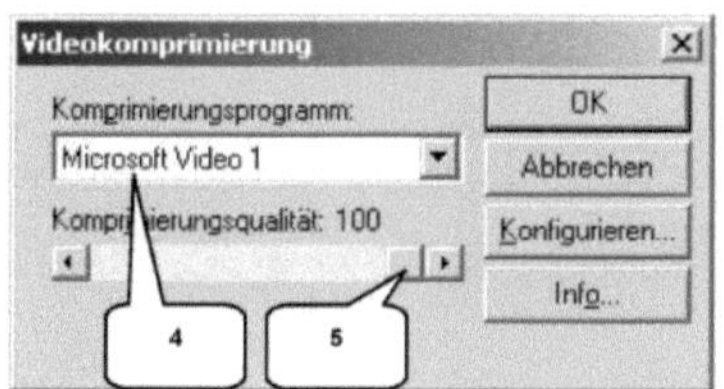

> Komprimierung: Microsoft Video 1 (4)
> Qualität: 100 % (5)
> ☐ *OK* **OK**

> ▶ *Wiedergabe* (6)
> Simulation ablaufen lassen
> ☐ **Konstruktionsmodus** (7)
☃ **Film publizieren**

Das Hubsystem fällt und schlägt hart auf, sobald der Grenzwert des Drehwinkels erreicht wurde.

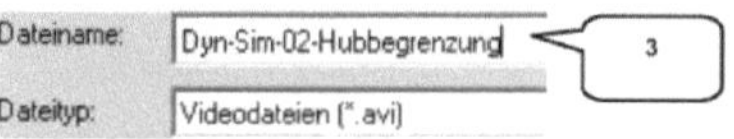

- Begrenzen der Kippbewegung -

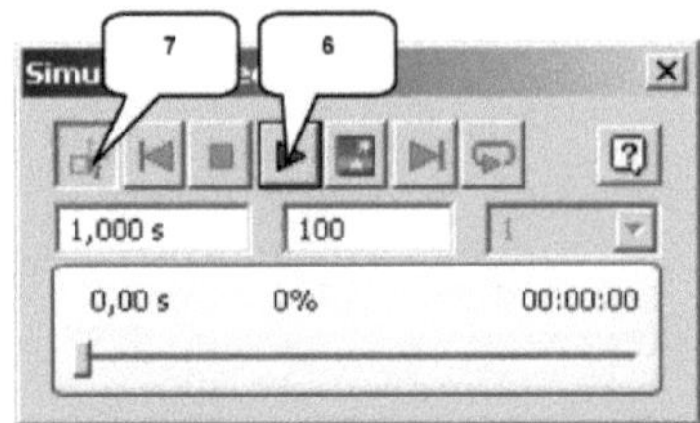

Eine Kollision zwischen Hubrahmen und Maschinenrahmen findet nicht mehr statt, nur die Schaufel schwingt noch frei und schlägt dabei ggf. durch die angrenzenden Bauteile hindurch. Um jetzt auch die Schaufel in ihrer Bewegung zu begrenzen und damit weitere Kollisionen zu vermeiden, könnte auch das Drehgelenk der Schaufel

mit Grenzwerten versehen werden. Oder man verwendet eine andere Option: das Hinzufügen eines *3D-Kontaktes*. Hierzu sollten vorab allerdings einige Grundlagen zum Thema *Gelenkverbindungen* erläutert werden.

7.12 Begrenzen der Kippbewegung
7.12.1 Grundlagen: 3D-Kontakt

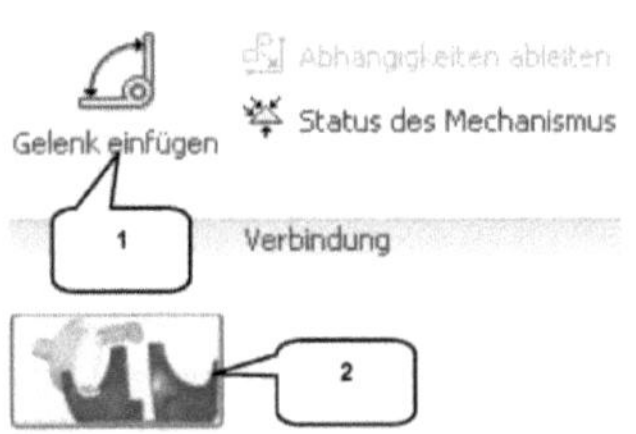

➤ Befehlsgruppe *Verbindung*
🔲 Gelenk einfügen (1)
➤ Auswahl: 3D-Kontakt (2)

Der *3D-Kontakt* ermöglicht es Kollisionen zwischen zwei Bauteilen zu erkennen und den Bewegungsablauf bei Kontakt zu stoppen. Er gleicht damit dem *Kontaktsatz* im Baugruppenbereich.

7.12.2 Einfügen eines 3D-Kontaktes

Betrachtet man den Bewegungsapparat, so stellt man fest, dass die Schaufel über verschiedene Bauteile mit dem Kippzylinder verbunden ist. Die unkontrollierte Schwingung der Schaufel hat unter anderem zur Folge, dass der Kolben des Kippzylinders ungebremst in den Zylinder eintaucht. Würde man also diese beiden Bauteile bei Kontakt stoppen, so überträgt sich das letztendlich auch auf die Bewegung der Schaufel.

- Begrenzen der Kippbewegung -

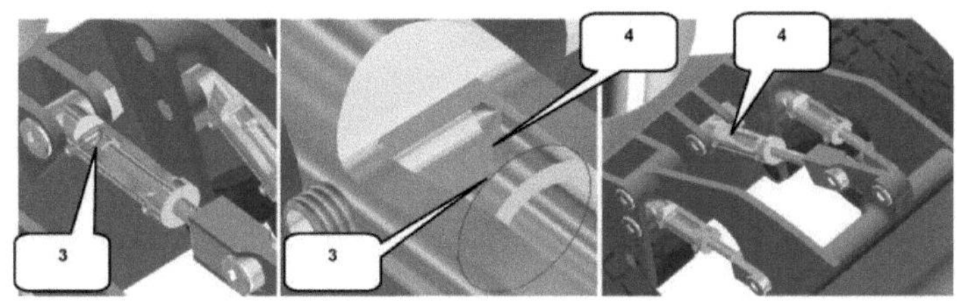

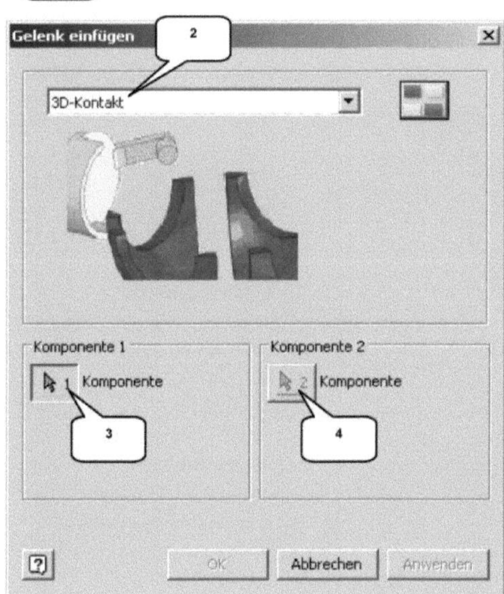

Kolben und Zylinder des Kippzylinders sollen jetzt also mit einer zusätzlichen Gelenkverbindung - einem *3D-Kontakt* - versehen werden. Der Zylinder wurde zu diesem Zweck an der oberen Seite präpariert, so dass der Blick in dessen Innenbereich und damit auch auf den Kolben darin frei ist. Als Referenzen auszuwählen sind die jeweiligen runden Kanten von Kolben und Zylinder.

- **Gelenk einfügen** (1)
- ➤ Auswahl: 3D-Kontakt (2)
- ➤ Komponente 1:
  Bohrungskante
  Kippzylinder-Kolben:1 (3)
- ➤ Komponente 2:
  Zylinderkante
  Kippzylinder-Zylinder:1 (4)
- ➤ OK OK

- **Speichern**

HINWEIS: Es sind die jeweiligen Zylinderkanten auszuwählen, nicht die Flächen!

- Begrenzen der Kippbewegung -

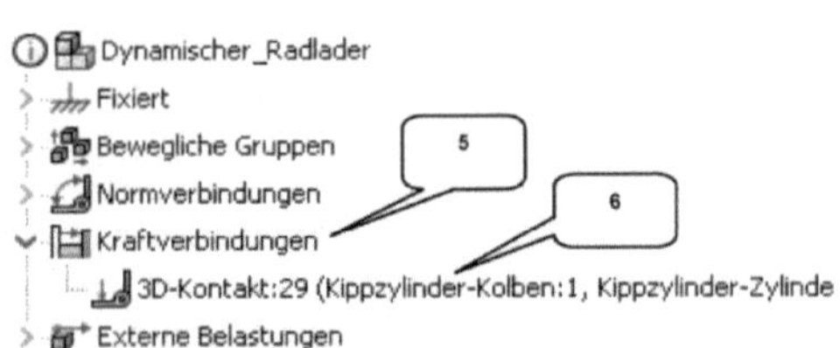

Der Browser erweitert sich jetzt um den neuen Ordner **Kraftverbindungen** (5). Darin enthalten ist der soeben erstellte **3D-Kontakt** (6).

HINWEIS: Gelenkverbindungen werden automatisch nummeriert (z. B. 3D-Kontakt:**29**). Diese Nummerierung kann von den Abbildungen hier im Buch abweichen, was allerdings keine Rolle spielt. Wichtig ist nur die korrekte Bauteilkonstellation. Die Bauteile werden in Klammern hinter der Gelenkverbindung angegeben (z. B. Kippzylinder-Kolben:1, Kippzylinder-Zylinder:1). Ihre Reihenfolge spielt dabei ebenfalls keine Rolle.

7.12.3 Ausführen und Aufzeichnen der Simulation

Eine Simulation soll zeigen, ob der 3D-Kontakt das gewünschte Ergebnis erzielen kann.

➢ **Film publizieren**
➢ Dateiname:
  Dyn-Sim-03-Kippbegrenzung (1)
➢ Dateityp: *.avi
➢ **Speichern** **Speichern**

➢ Komprimierung: Microsoft Video 1
➢ Qualität: 100 %
➢ **OK** **OK**

➢ **Wiedergabe** (2)
➢ Simulation ablaufen lassen
➢ **Konstruktionsmodus** (3)
➢ **Film publizieren**

Hubsystem und Schaufel fallen während der Simulation ungebremst nach unten, bis beide Hubrahmen den maximalen Winkel erreicht haben.

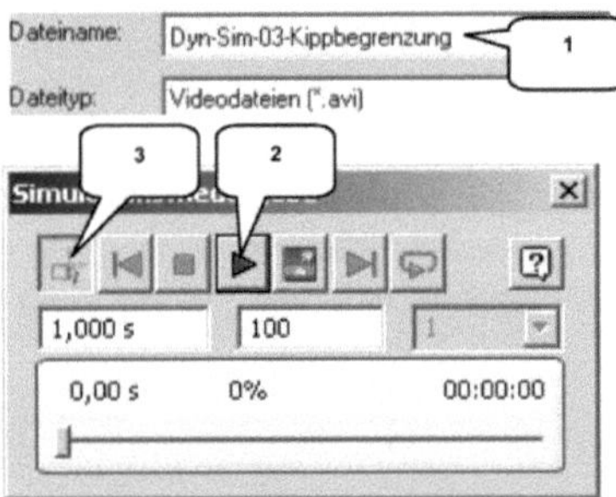